金圣荣◎著

你为什么勤劳而不幸福

台海出版社

图书在版编目(CIP)数据

你为什么勤劳而不幸福 / 金圣荣著. —北京：台海出版社，2016.4

ISBN 978-7-5168-0930-3

Ⅰ.①你… Ⅱ.①金… Ⅲ.①幸福—通俗读物 Ⅳ.①B82-49

中国版本图书馆 CIP 数据核字(2016)第 065053 号

你为什么勤劳而不幸福

著　者:金圣荣
责任编辑:王　萍
装帧设计:朝圣设计·阿正　　　版式设计:文　艺
责任校对:王瑶璇　　　　　　　责任印制:蔡　旭

出版发行:台海出版社
地　址:北京市朝阳区劲松南路1号　　邮政编码:100021
电　话:010-64041652(发行,邮购)
传　真:010-84045799(总编室)
网　址:www.taimeng.org.cn/thcbs/default.htm
E-mail:thcbs@126.com

经　销:全国各地新华书店
印　刷:北京博艺印刷包装有限公司
本书如有破损、缺页、装订错误,请与本社联系调换

开　本:710 mm×1000 mm　　　1/16
字　数:162 千字　　　　　　　印　张:14
版　次:2016 年 9 月第 1 版　　　印　次:2016 年 9 月第 1 次印刷
书　号:ISBN 978-7-5168-0930-3
定　价:36.00 元

版权所有　翻印必究

目录 | CONTENTS

Chapter 1 你为什么不幸福

1. 如何看待幸福 \003
2. 懂得知足也是一种幸福 \007
3. 幸福是快乐与意义的结合 \011
4. 由幸福公式说起 \016
5. 幸福是顺应天性 \021
6. 幸福的来源 \025

Chapter 2 幸福到底是什么

1. 幸福是一种主观感受 \031
2. 幸福是满足和舒适的顶点 \034
3. 幸福需要配上一把万能钥匙 \038
4. 幸福与不幸福的中间地带 \042
5. 幸福与不幸福的相对和互转 \045
6. 幸福有一个难以摆脱的递减律 \048
7. 幸福有一条不容忽略的基准线 \052

Chapter 3　不要让财富绑架了你的幸福感

1. 金钱不能代表幸福 \059
2. 金钱与幸福的正反比 \061
3. 远离金钱带来的烦恼 \064
4. 拥有金钱而不是被金钱奴役 \066
5. 幸福在分享中越分越多 \070
6. 让金钱倍增幸福 \073

Chapter 4　学会经营自己的幸福

1. 以平和的心态、健康的体魄支撑幸福 \081
2. 以丰富的知识、高尚的品格提高幸福 \087
3. 以成功的事业、适量的财富筑牢幸福 \091
4. 以甜蜜的爱情、美满的婚姻升华幸福 \095
5. 以良好的人缘、愉快的人际拓展幸福 \100
6. 以博大的胸怀、圣洁的内心收藏幸福 \105

Chapter 5　怎样塑造幸福的自我

1. 别让你的执着影响了你的幸福感 \111
2. 别让你的欲望赶走了你的幸福感 \115
3. 大爱无边，无私是幸福的源泉 \118

4. 别让你的抱怨打翻了你的"幸福鸡汤" \ 123
5. 不苛求完美，方能收获幸福 \ 130
6. 乐观看待生活，幸福才会来临 \ 134
7. 常宽容，常幸福 \ 137

Chapter 6　怎样提升你的幸福指数

1. 学会满足，就会离幸福更近些 \ 145
2. 舍弃也是一种美 \ 149
3. 放下就能幸福 \ 153
4. 放下执着，人生才会更灿烂 \ 155

Chapter 7　怎样保持幸福的心态

1. 保持平常心，让幸福来敲门 \ 161
2. 拒绝负性攀比，不再盲目比较 \ 165
3. 学会知足，知足是福 \ 169
4. 摒弃消极心态，沐浴幸福阳光 \ 174
5. 放下嫉妒之心，方可拥抱幸福 \ 179
6. 宽恕他人，人生自会幸福 \ 184
7. 豁达做人，方可到达幸福的彼岸 \ 188

Chapter 8　欲望少一点幸福就会多一点

1. 降低欲望值，增加幸福感 \195
2. 学会满足，摆脱欲望的锁链 \198
3. 放下贪婪的欲望，才能享受幸福的生活 \201
4. 过分的欲望是阻止人们走向幸福的拦路虎 \204
5. 如何"修剪"自己的欲望 \207
6. 适当控制欲望更有幸福感 \211

Chapter 1

你为什么不幸福

　　什么是幸福呢？主观主义幸福论者认为，幸福就是人内心深处对于快乐和满足的主观心理体验。而客观主义幸福论者则认为幸福是客观的，是不依自己主观而转移的自我完善、自我实现、自我成就。美国心理学家塞利格曼曾经提出过有关幸福的公式：H=S+C+V（总幸福指数=先天的遗传素质+后天的环境+能主动控制的心理力量），他向世人表明幸福也是可以用数字量化的。

1 如何看待幸福

关于幸福这个问题,从古至今,许多哲人、学者甚至普通百姓,都曾认真思考过。并且人们也一直希望能寻找到属于自己的幸福。换而言之,每一个人无论他的行为有什么不同,也不论他的身份怎样,但有一点却是相同的,那就是他向往幸福、追求幸福。

那么,什么是幸福呢?主观主义幸福论认为,幸福就是人对于快乐的主观心理体验。但是,快乐和幸福却又并非同一样东西,快乐并不都是幸福,如某个人一天吃了可口的饭菜,可以说他很快乐,但不能说他很幸福。因此,主观论把幸福定义为快乐,是犯了定义过宽的错误。

客观主义的幸福论则认为,幸福是客观的,是不依自己的主观感觉而转移的自我完善、自我实现、自我成就,是自我潜能的完美实现。那么,客观论的幸福定义能否成立呢?心理学研究对此做了这样的分析:假如有这样一个人,他不求自我成就而只求安全没事。他虽碌碌无为,但是一生却过得非常富裕。如果按照客观论的观点,这个人是应该没有幸福的。然而,实际上,这个人缺少的仅仅是自我实现的精神幸福,但是他却拥有物质幸福,自我实现仅仅是幸福之一而绝不是幸福的全部。通过这个事例的分析,可以判定客观论把幸福界定为自我实现则是犯了定义过窄的错误。

关于对幸福的理解，在人生理论上很复杂，也很多元。据记载，仅仅在罗马尼禄时代就有200多种关于幸福的互相矛盾的定义。每个时代的思想家对幸福都做过探究并得出自己的结论。其实，对这个问题的探究，不只是思想家们要去做的事，也是现实生活中的每个人都必须明白的问题。

不论幸福的定义有多少种，存在怎样的分歧，但有一点得到了大家的共识，那就是幸福是人的需求得到满足时的快乐感受和体验。由此可知，人的需求不一样，人生价值设定不同，幸福的感受也就会有所不同。

曾经有四个年轻人，他们都是富豪子弟，家财万贯，但是他们并没有觉得自己比其他人生活得幸福，于是他们开始寻找幸福。他们逢人便问什么是幸福，有人回答说住在豪华的别墅中幸福，有人回答说开着名车周游世界最幸福，也有人说，每天什么活儿都不干却能吃到山珍野味最幸福，显然这些答案并不是他们想要的，他们很失望，但是他们并没有放弃寻找幸福。有一次，他们在荒岛上找到了一位老人，老人并没有告诉他们什么是幸福，只是请求他们为自己做一件事。四个年轻人说，只要您能告诉我们什么是幸福，别说是一件事，就是十件、百件我们都会为您去做。这时，老人缓缓开口说："我在这里生活了半辈子，想出去看看外面的世界是什么样子，你们就帮我造一只船吧。"于是，四个年轻人开始动手工作，砍树的砍树，扎木筏的扎木筏。不久之后，就做好了一只小船。在离开小岛的时候，他们几个人齐心协力划桨，一路高歌，这时，老人问他们："孩子们，你们觉得快乐吗？"四个年轻人异口同声地说："非常快乐！"老人接着又问了一句："那你们感觉自己幸福吗？"年轻人还是异口同声地说："非常幸福！"也就是在这时，四个年轻人恍然大悟，原来他们想要的幸福如此简单，就在自己的身边，触手可得。

四个年轻人因为生于富豪之家，住惯了豪宅、开惯了名车，因此，对于那些他们司空见惯、伸手可触的东西，很难成为他们心中的渴求，不能给他们带来幸福感。由此可知，一个富翁可能有很多的烦恼和痛苦，其中包括缺少幸福感，但是幸福往往又很简单，一个非常渴的人喝到他想要喝的水可能就会体验到莫大的幸福。正是在这个意义上，哲学家们认为许多时候幸福在于人的主观感受。不过，真正的哲学观点并不主张把幸福定义在人的主观感受上。哲学观点表明幸福不是一种可以远离自然物质条件而纯粹由主观形成的东西。幸福的感受应该是建立在所需求的对象获得满足的基础之上。所以我们若抛开客观条件来谈论幸福是不可能的。幸福必须是人的主观感受和客观条件相结合的产物。只不过在这个主客体关系中，主观的感受是更为积极主动的一面。

既然主观的感受更为积极，那么，不同的人对幸福的感受又会有着怎样的差别呢？

生活中由于每个人的经历和价值观不同，文化和修养不同，心态和个性不同，导致看待问题的角度也会不同，所以，人们对于幸福的理解和感受也是完全不同的。对于极度劳累和困乏的人，也许安安稳稳地睡上一觉就是幸福；对于食不果腹的饥饿者，饱餐一顿就会让他体会到莫大的幸福；而对于长期被病痛折磨的患者，人生最大的幸福就是拥有健康的身体……因此也可以说，幸福的感受是有一个时间段的，在时间的某一点，期望或渴求达到满足的时候，幸福感便会油然而生。

对于幸福的期望和追求方式，不同时代的人们虽然有不同思辨

和个体生活方式的选择，但还是更依赖于社会运动和制度的建构。随着物质生活条件不断改善，精神生活质量也在日益提高。然而，快速转型的社会，日新月异的生活，人们会面对越来越多的诱惑，以及很多无法回避的竞争和挑战，让人们在对幸福指数的追逐中越来越难以驾驭自己的情绪和行为。

现实生活中，作为构成社会心理体系的一个重要部分，人们的幸福感会受到许多复杂因素的影响，而且人们在不同的年龄阶段以及人生阅历的不同，对幸福的期望也会有所不同。如在青年时代，人们的幸福感大多是来自考取理想的学校，找一个如意的恋人托付终身，有一个理想的职业和丰厚的薪水，拥有宽敞舒适的住房、性能良好的车子、如日中天的事业和成就；到了中老年，又将能够拥有和谐的婚姻和健康的身体作为心中期望的目标……若达到所期望的目标，便会产生幸福感。

由此可见，幸福是一种感觉，但也不是接近完美的心理预期和欲望的满足。心理学家认为，幸福与人生态度有关。人世间的许多事情包括我们对幸福的期待在内，往往都是由自己的心态决定的。所以，一个人客观地看待世界、辩证地对待人生，并拥有朴实、和谐、阳光的本质心态，才会更容易获得幸福感。

2
懂得知足也是一种幸福

现在人们的生活条件已经大大改善,钱挣得也多了,甚至有的人社会地位也越来越高……可很多人还是会经常地问自己:"你幸福吗?"而答案往往却是模糊的。

心理咨询师蓝燕平曾说:在飞速发展的现代社会,我们不停地面对各种各样的竞争。而那些全力争取、我要"拥有"的思想,从小就被灌输到每个人的脑子里。读书的时候,分数越高越好;工作后,薪水越多越好;成家了,房子越大越好、儿女越孝顺越好……无休止的"获取"似乎成了人们的一种本能。

心理学家认为,当一个人的欲望被满足的时候,内心会产生出幸福感。由此可见,人们在不断的奋斗中,力争使得自己的愿望可以达到,继而感受到幸福的滋味。那么,是不是渴望越多,你的幸福感就会越多呢?

在现代社会,物质丰富,信息发达,人们在不断追求着;买不完的东西、数不清的信息、周围生活得比自己更富裕的人,这些都会成为一种刺激,使人们的大脑在不知不觉中进入一种"想要更多"的思维定式,即使想停也停不下来。因此,最后无论自己得到了什么,眼里看到的总是那些还没有得到或者别人手里握着的东西,从而陷入那种越是拥有,就越觉得"不够"的思维怪圈。自

然，就会生出诸多抱怨：升职不够快、薪水加得少、存在银行的钱不如人家的多、爱人没有人家的贤惠、孩子不够听话，等等。正因为如此，即便是伸手可触的幸福，也会在永远得不到满足的欲望中悄悄溜走，离自己越来越远。

　　台湾《康健》杂志中曾有文章指出，当今社会，人们拥有的其实已经很多了。然而，由于物质的丰富，使得人们的欲望无限膨胀，但人的力量毕竟是有限的，总会有无法实现的愿望，因此，如果人们想要寻回一些幸福感，那么现在最需要做的就是关掉大脑"获取"欲望的按钮，然后告诉自己"我拥有的已经足够多了"。

　　一只狐狸忍着饥饿行走了很久，它已经几天没有吃到任何食物了，肚子咕咕地作响，饥饿让它有些绝望，它不知道自己还有没有体力支撑到看到食物的那一天。它想只要有一枚果子让自己碰到，它都会对上天充满无限感激的！说起来这只狐狸还算是幸运的，就在它以为自己马上走不动的时候，忽然在半山坡上看到了不远处的一户人家，它立刻有了力气，向着山下走了过去。终于，眼前出现了令它兴奋的东西。那是一片葡萄园，园子的四周围着篱笆。狐狸隔着篱笆看着园里的葡萄，心里别提多高兴了。因为它可以美美地吃一顿了。于是，它在篱笆的四周来回走了几圈，想找个大一点儿的缝隙钻进去。可是它发现篱笆的缝隙很小，它有些灰心，不知道是否能够进得去。后来，它找到了当中最大的缝隙。看着那可怜的狭小的缝隙，它有些担心，觉得那个缝隙虽然能让现在的自己进去，可是当肚子填饱后，再出来可能就要费点儿劲儿了。怎么办，要不要进去呢？狐狸想了片刻，对自己说："进去吧，先填饱肚子再说，到时候自己适可而止，别吃得太饱就行了。"抱着这样的心态，狐狸小心翼翼地钻进了葡萄园。

来到了葡萄园里，狐狸看到满园的葡萄，抑制不住自己的兴奋，开始肆意地吃了起来，甘甜美味的葡萄很快填饱了它的肚子，可是它却没有停下。虽然有一刹那，它想起了那狭窄的篱笆，但它实在是太喜欢葡萄的美味了，于是又忘情地吃了起来。不知道过了多久，肚子滚圆的狐狸突然听到来人的脚步声，这才紧张地跑到有着缝隙的篱笆处，可是无论它怎样尝试，都无法让自己的身体从那里再钻出来。它害怕极了，怕被人发现，于是拼了命地往外钻，结果却被缝隙死死地卡住了。

这只狐狸从最初渴望一枚果子充饥，到最后在满园的葡萄面前，忘记自己的危险处境，而大吃特吃，其实，就是不满足害了它自己。它明知道篱笆的缝隙很小，可是在吃饱后仍然拼命地吃，最终受到了不知足带来的惩罚。

《后汉书》中有这样一句话："人苦不知足，既平陇，复望蜀。"说的就是人不知足，欲壑难填。世界无限丰富，而人的生命和能力有限，若不知道满足，便会导致欲望膨胀，得陇望蜀，但人的欲望是永远得不到满足的，因此，当人们心中烦闷，郁郁不得欢时，又怎么能知道幸福是何滋味。

生活中，人人渴望幸福，但又缺乏幸福感，这到底是为什么呢？

"幸福感是一种长久的、内在的、坚定的心理状态，并非短暂的情绪体验。"幸福与否并不是赚钱时的快乐，花钱时的痛快，在很大程度上取决于很多和财富无关的因素，如一个人的身体是否健康、工作是否稳定、婚姻状况以及人际关系是否良好等，不仅如此，它还与个人对生活的认识、社会的发展有很大关系。清华大学心理学系教授彭凯平表示，经济发展与幸福感提升所形成的"幸福悖论"，有着深层次的心理学原因。一些国外社会心理学家对现代

中国人幸福感下降的原因进行了分析。比如，缺乏信任、不善于发现阳光面、过于焦虑、爱比较和不知足等。他们认为，现代人把主要精力都投入到了竞争中，大家总是在比职位、比房子、比财富……而就是在这样比来比去的过程中，人们的心里便只剩下了欲望，从而丢失了幸福。所以，人们一旦追求的不是如何幸福，而是怎么才能比他人幸福时，幸福也就离自己越来越远了。

俗话说"知足者常乐"，而如今懂得知足的人却越来越少了，有了好工作还想要更好的，有了房子想要个更大的房子，甚至也想像一些人那样拥有豪华的别墅，总觉得钱赚得还不够多……正是这些无休无止的欲望，指使着人们马不停蹄地去奔波劳碌，硬撑着去争取登上更加"辉煌"的顶峰。

经研究证实，身体健康和主观的幸福感紧密相连。如果一个人的幸福感指数高，能减少中风、心血管疾病和过敏性反应等疾病。所以，人们一定要高度重视这个问题，提升自己幸福感的指数。要想获得幸福，首先要做到的就是降低自己的欲望，学会知足。不要与人盲目攀比、追逐虚荣，要以知足的心态面对生活，明白每个人的幸福各不相同。俗话说"人比人气死人"，道理应该就在这吧。

3

幸福是快乐与意义的结合

为什么幸福没有一个确定的答案,如果你问一千个人,就会得到一千种答案呢?因为幸福是人内心的一种感受,是一种体会,而这种体会往往又很难描述。心理学研究认为,真正的幸福不是一些事实的汇聚,而是一种状态的持续。它是一个人内心真切而微妙的感受。

哈佛大学的心理学教授本·沙哈尔认为,幸福是快乐与意义的结合。他说他对于幸福的理解源于早年的一次经历。

本·沙哈尔在以色列长大,曾是一名壁球队员。16岁那年,本·沙哈尔获得了全国壁球赛的冠军。在长达5年的训练中,他一直感觉很空虚,觉得生命中缺少了什么。为此他总是闷闷不乐,但他依然坚信:想要取得最终胜利,无论身体还是心理都要坚强,同时他也认为,取得比赛的胜利一定会为他带来充实感,也能让他最终获得幸福的感觉。正是凭借着这样的一种信念,本·沙哈尔坚持了下来,终于如愿以偿,夺得了冠军。夺冠的他欣喜若狂,和家人、朋友举行了隆重的庆贺。那一刻,他更是相信这样一个理念:成功可以为一个人带来快乐,所以,曾经为之所受的一切苦痛,都是值得的。

就在那天晚上,本·沙哈尔睡觉前坐在床上,想好好地再回味

你为什么勤劳而**不幸福**

一下无限的快感。可是突然间，那种获得胜利后的感觉，那种梦想成真的喜悦以及它带来的所有快乐，都消失得无影无踪了。他的内心，在一刹那又变得异常空虚，除了迷惘和恐惧之外，别无其他。本·沙哈尔的泪水一下子涌了出来，这已经不再是因胜利喜极而泣，而是伤心难过。他不禁问自己，在这样的时候，都无法感到幸福，那我将到何处去寻找我人生的幸福呢？他思索良久后，极力地让自己镇定下来，并对自己说，这只是暂时的神经过敏，过一段时间就会好起来的。可是，接下来的日子里，他依旧无法找回快乐；相反，内心的空虚感越来越严重。于是，他慢慢发现，胜利并没有为他带来任何幸福，他以前所依赖的逻辑彻底被打破。也正是从那时起，本·沙哈尔开始对幸福这一问题产生了极大兴趣，他在苦苦追问，怎样才能得到真正的幸福？为此，他注意观察周围的人，发现谁看起来幸福，就去跟人家请教。不止如此，他还读了大量有关幸福的书，从亚里士多德到孔子，从古代哲学到现代心理学，从学术研究到自助书籍，等等。最后，他决定去大学主修哲学和心理学。在不断的学习与探索中，他的幸福观逐渐清晰起来：幸福，应该是快乐和意义的结合。他认为："一个幸福的人，必须有一个明确的并可以为他带来快乐和意义的目标，然后去为之努力追求。因此，真正快乐的人，会在自己觉得有意义的生活方式里，享受它的点点滴滴。"

本·沙哈尔还从汉堡里总结出了四种人生模式。

当年，在做一名壁球队员时，为了在比赛中取得更好的成绩，除了刻苦训练外，他还必须严格控制自己的饮食。开赛前一个月，每天只能吃最瘦的肉类，全麦的碳水化合物及新鲜蔬菜和水果。因此，他曾暗中发誓，等到比赛结束后，一定要大吃特吃两天"垃圾食品"。所以，比赛结束的那天，他做的第一件事，就是跑去自己喜爱的汉堡店，一下买了4个不同的汉堡。可是，就在他急不可待地将汉堡送到嘴边的刹那，却停住了。因为他意识到，上个月，就是因为健康的饮食，自己的体能才那样充沛。如果现在不管汉堡是不是"垃圾食品"，只顾享受它的美味，自己吃完以后可能会后悔，因为它对身体健康会有非常不好的影响。望着眼前的汉堡，本·沙哈尔突然发现，这几种汉堡都有它自己独特的风味，可以说，正好能代表四种不同的人生模式。第一种汉堡，就是他手上的那个，口味诱人，但却是标准的"垃圾食品"。吃了它就等于享受了眼前的快乐，却为未来埋下了痛苦。如果用此来比喻人生，那就是及时享乐，出卖未来幸福的人生，即"享乐主义型"。第二种汉堡，虽然口味很差，可是里边全是蔬菜和有机食物，对人的身体健康有益，可是它吃起来会让人觉得很痛苦。于是，他把这种牺牲眼前的幸福，为的是追求未来的目标，称为"忙碌奔波型"。第三种汉堡，则既不美味，吃了还会影响以后的身体健康。而与这种汉堡相似的，就是那种对生活丧失了希望和追求，既不享受眼前的事物，也不对未来抱有期许的人，本·沙哈尔称其为"虚无主义型"。还有一种汉堡，既好吃又健康，那就是第四种"幸福型"汉堡。一个幸福的人，既能享受当下所做的事，又能够获得美满的未来。可是，据本·沙哈尔的观察，生活中大多数人都属于"忙碌奔波型"。为此，本·沙哈尔曾给他的学生们讲过这样一个故事。

蒂姆和大多数人一样，小时候也是一个无忧无虑的孩子。但自从上学后，他奔波的人生就开始了。老师和父母总是告诫他，上学的目的，是为了取得良好的成绩，为了在将来长大后，找到好工

作。但从没有一个人告诉过他，学校是一个可以获得快乐的地方，学习是一件令人开心的事情。由于担心考试考不好，担心写作文的时候写错字，蒂姆总是感到焦虑紧张。所以，他每天最大的盼望就是下课和放学。每年的假期也成了他最大的精神寄托。

随着时光的流逝，蒂姆也渐渐地接受了大人的价值观。尽管自己不喜欢学校，但还是努力学习。取得好成绩时，老师和家长会夸奖他，同学会羡慕他。读高中时，每每感到学习压力大，身心疲惫的时候，蒂姆就想，现在的牺牲，是为了换取未来的幸福，等考上大学后，一切都会变好的。

大学录取通知书到手的那一刻，蒂姆流下了激动的泪水。同时，他也长舒了一口气：现在，可以开心地生活了。可是几天之后，焦虑的情绪又逆袭而来。他开始担心自己到了大学后，在与同学的竞争中，不能取胜。如果那样，将来依旧难以找到好的工作。

大学4年，蒂姆一直处于忙碌状态，他成立了学生社团，做义工，参加各种活动，极力为自己的履历表增光添彩。他不停地选修课程，尽管这些科目并不完全是自己感兴趣的，但为了能够获得好的成绩，他不得不这样做。

大四那年，蒂姆被一家著名的公司录用。他再次兴奋地告诉自己，这回终于可以享受生活了。可是，这份高薪酬的工作却让他充满了压力。于是，他又说服自己：好好干下去，只有这样，以后的职位才会更加稳固，才会有更快的升职机会。他也有快乐的时候，当加薪、拿到奖金或升职时，他会感受到刹那的满足感，然而，不知道为什么，这种感觉很快就会消退下去。

经过自己的努力打拼，多年后，蒂姆成了公司的合伙人。这也是他一直以来的愿望。可是，当这一天终于来到的时候，他却没有感到有多快乐。他有了豪宅、名车，甚至还有一辈子花不完的钱。他身边的人把他当作成功的典范，来教育自家小孩。可是，蒂姆却没有在这种盲目的追求中找到自己的幸福，他用酗酒、吸毒来麻痹自己，他尽可能延长自己的假期，在阳光充足的海滩上静静地待着，享受毫无目的的人生，再也不去担心明天的事情。极力的放松，让他感受到了最初的快乐，但很快，他就厌倦了这样的生活。

对于人生中所谓的幸福，他不知道去哪里寻找，他决定听天由命。并且，他不知道应该怎样正确引导自己的孩子，为此，他深陷于痛苦之中。

对于当今社会中，为什么会有这么多"忙碌奔波型"的人，本·沙哈尔是这样解释的：因为人们被"幸福的假象"蒙蔽了。在生活中，人们总是习惯性地去关注下一个目标，却常常忽略了眼前的事情，最后，导致终生都在盲目地追求。在每一个目标达成后，人们会把放松后的心情，归为幸福，其实，这是一种错觉。这种解脱感，的确可以带给人们快乐，但那不是真正意义上的幸福。本·沙哈尔说，这是幸福的假象。

本·沙哈尔认为，真正的幸福是快乐与意义的结合。他说，不同的人，会在不同的事里找到意义。因此，在选择目标时，必须确定它符合自己的价值观、爱好，符合自己内心的愿望，而不是为了满足社会标准，或是迎合他人的期待。这样，才能在实现目标的每一个过程中都感受到无比的快乐，从而使这一内心的感受延续下去，最终获得幸福感。

由幸福公式说起

美国心理学家塞利格曼曾经提出了这样一个幸福公式：H=S+C+V（总幸福指数＝先天的遗传素质＋后天的环境＋能主动控制的心理力量）。他告诉人们，幸福也是有指数的，总幸福指数是指一个人较为稳定的幸福感，而不是暂时的快乐和幸福。或许人们会在吃了一顿美餐后，觉得很幸福，也或许在听到自己升职的那一刻感到幸福，但这些并不是真的幸福，它只是暂时的快感。幸福感是一种持续的、稳定的幸福感觉，它包括一个人对现实生活总体满意度和对自己生命质量的评价，是对自己生存状态的全面肯定。对此，塞利格曼认为，幸福取决于三个因素：一个人的先天遗传条件、环境条件、能够控制的心理力量。

塞利格曼为什么会认为幸福与人的先天因素有联系呢？对于这个问题，他进行了大量的调查。在对22个在日常生活中具有抑郁心情却曾经中过彩票大奖的人的调查中发现，这些人在中奖事件过去之后，很快又回到了从前的抑郁状态，又觉得自己不幸福了。但是，在对一些天性乐观的人的调查中却发现，这样的人在遇到暂时性挫伤事件后，对他的消极影响也是短暂的，当不幸事件过去几个月后，他们又会回到正常状态。由此，塞利格曼认为，幸福与先天因素有一定的关系。

在有关幸福与后天环境的研究中，塞利格曼发现，社交生活会让人感受到幸福。幸福的人们有一个共同特点就是具有丰富的社交生活。他们与感觉不幸福的人，有一个明显的区别，那就是愿意与他人分享生活，而不是一个人独处；而受教育程度、种族和性别并不影响幸福；财富以及财富的增值，对幸福的影响也很小；外表的吸引力也不会影响一个人的幸福感。

在幸福公式中，最后的一个部分，也是最重要的一个部分，是你能掌握的力量，也就是如何控制自己的心理力量。心理学研究认为，心理力量是促使人意识到自己的需求和主体性，并驱使个体采取适当行为的冲动、勇气、意志力以及各种特征的情绪、感情等心理活动。心理力量对一个人的行为有着很大的影响，因此，能够合理正确地掌控自我的心理力量是决定一个人幸福感的关键。心理学家认为，自控能力是自我意识的重要组成部分，是个人对自身的心理和行为的主动掌握，是个体自我的选择目标，在没有外界监督的情况下，适当地控制、调节自己的行为，抑制冲动、抵制诱惑、延迟满足、坚持不懈地保证目标实现的一种综合能力。它是一种内在的心理机能，能调动其他非智力因素的积极方面，消解消极方面，使一个人按照理性的要求去行动。因此，一个人要懂得控制好自己的心理力量，让它更多地调动自身的积极因素，帮助自己获得走向幸福的行为指令。

对于幸福，美国经济学家保罗·萨缪尔森也曾提出过一个公式：幸福＝效用／欲望。在这个公式中，保罗试图告诉大家，幸福的获得是由两个因素的比例决定的。那就是欲望与效用。他认为幸福感类似于满足感，它实际上是现实的生活状态和心理期望状态的

一种比较，并且两者的落差越大，幸福感就越差。

在这两个关于幸福的公式中，第一个公式侧重说明幸福掌握在我们自己的手中，第二个公式则说明幸福的感觉和欲望的大小有关。

虽然决定幸福的因素很多，但不可否认的是，幸福是来自一个人内心的感受。因此，不同阶层、不同际遇、不同性别和种族的人，提出同一个问题：幸福到底是什么？

有人说过："真正的幸福是无法描述的，它只能体会，而这种体会越深就越难以描述，因为真正的幸福不是一些事实的汇集，而是一种满足状态的持续。"

人的一生能体验到多少分量的幸福，关键在于他对人生所持的态度。如果一个人认为尽责任是一种幸福，那么他就有了责任幸福的体验；如果一个人认为知足是一种幸福，他就会有知足常乐的幸福体验；如果一个人认为平淡简朴是一种幸福，他就比别人有更多的机会体验幸福。在本·沙哈尔看来，寻找真正能让自己快乐而有意义的目标，并享受在实现这一目标中所经历的点点滴滴，才是获得幸福的关键。正因为如此，他告诉他的学生，要寻找能够发挥自己优势和热情的工作。只有这样，一个人才能长久地体会其中的快乐，让快乐的状态持续下去。他说在寻找工作时，要向自己提出三个问题：一是什么工作能带给我意义？二是什么工作能带给我快乐？三是我的优势是什么？并且要注意顺序。然后看一下答案，找出其中的交集点，这个交集点就是最能使你感受到幸福的工作了。

本·沙哈尔曾遇到过一名年轻的律师，他就职于美国纽约一个知名公司，在本·沙哈尔遇到他的时候，他即将成为这个公司的合伙人。在现实生活中，不论是他的工作环境还是待遇，都是相当不错、令很多人羡慕的。这个年轻人在工作中也非常努力，一周至少干60个小时。每天早上起来，他就去公司，与客户和同事的会议、法律报告与合约事项等这些工作排满了他一整天的时间。本·沙哈尔问他，在这样一个理想世界里，还有什么其他想做的事吗？这名律师告诉本·沙哈尔，其实，他最想去画廊工作。本·沙哈尔听到他这样说，不禁问道："在现实世界里，难道找不到画廊工作吗？"律师回答说不是的。虽然自己喜欢画廊工作，可是，如果在那里工作，收入会比现在少很多，生活质量一定会有所下降。因此，尽管自己并不喜欢律师这一行，但是，为了保证生活水平，没办法，只能先放弃自己的梦想。

因为每天都要做自己不喜欢的工作，所以，他活得并不开心。在调查中，本·沙哈尔发现，在美国有50%的人对自己的工作不满意。尽管他们有其他更好的选择，但是他们心甘情愿做这样的决定。因为这些人把物质和财富，放在了快乐和意义之上。

很多人认为拥有多少金钱是衡量幸福的唯一标准，可是，在现实生活中大量事实证明，很多有钱人并没有感受到幸福。只有那些一辈子都从事着自己喜欢的事业的人，才拥有更多的幸福感。本·沙哈尔认为，那是因为一个人通常在自己感兴趣的事情里，更能发挥自己的天赋，而且做得会更长久。因为对工作会更有热情，效率也会更高。例如，一个喜爱学习的学生，在学习中能够感受到创造的愉悦，而这样快乐的成果，反过来又可以帮他取得好成绩，获得未来的幸福。

许多研究表明，一个幸福的人，他的事业、婚姻、友谊、健康

等方面，都是成功的。幸福与成功，是相互作用的关系。

幸福是一种持续的、稳定的快乐感觉。如果一个人无法在生活中拥有这样的状态，他就不能算是一个幸福的人。不论心理学家提出怎样的幸福公式来解释幸福的由来，但归根结底一个人要明白：我有没有真正想要的？我内心真正想要的是什么？这个想要的事物对我有多少意义？相信只要能够清楚地明白这些道理，并如本·沙哈尔说的那样去寻找，就会离幸福不远了。

5 幸福是顺应天性

德国哲学家威廉·施密德认为，幸福有三个层次：运气、快乐、充实而有意义的生活。运气是由机缘与命运决定的，这一层次的幸福可遇不可求，但对于其他两种幸福，人们则可以通过自己的努力来创造。他认为现代人对于幸福，已经不是到哪里可以寻找到的问题了，恰恰相反，对于幸福的狂热追求，俨然成了现代人的一种病态。施密德认为凡事皆有度，对于幸福的追求亦如此。极致和持续的快乐非但不值得追求，甚至会导致不幸。他曾以流行音乐巨星罗比·威廉姆斯为例来解释这一话题，威廉姆斯喜欢喝特别浓的咖啡，他觉得喝那种咖啡让他感觉很爽，为了能够一直保持这种超爽的感觉，他后来发展到每天喝 36 杯，大量的咖啡摄入量让他的身体机能迅速下降，最后没办法只好向专业人士求助。佳肴可口，连吃 3 份也会感觉难受；话语再投机，总有意兴阑珊的时候，所以说，将快乐极致化并不好。

人们追求幸福没有错，但是现代人狂热地、不辞辛苦地去寻找和追求幸福的结果却并不尽如人意。也许正如施密德所说的那样，正是这个寻求的过程有可能让人变得不幸。每个人都想获得幸福，但似乎是使用了错误的方式，因为现代人更多的是追求物质享受，寻找表面的快乐，期望用这样的方式来弥补内心的空虚和外在的冷

漠。结果往往适得其反，快乐缺乏症和幸福焦虑症快速地蔓延。

其实，对于幸福这一命题，早在我国几千年前就被先贤们关注和讨论了。例如，儒家颂扬"孔颜之乐"的安贫乐道，同时对"曾点之志"的乐水乐山也给予了肯定和赞叹。而对于幸福，孟子曾明确指出，君子有三乐：父母俱存，兄弟无故；仰不愧于天，俯不怍于人；得天下英才而教育之。道家更是主张清静无为、顺其自然、"见素抱朴"的幸福观，认为合于道或自然，顺从人和物的天性才是真正的幸福。

老子认为世界是运动的，幸福与不幸福也是互为基础又可以相互转化的。"祸兮福所倚，福兮祸所伏。孰知其极？其无正也。正复为奇，善复为妖。人之迷，其日固久。"这句话就是告诉人们，祸与福是一种相互依存的关系，祸正是福的依靠，福正是祸的潜藏之处。没有谁能说得清祸或福发展到怎样的程度就会向反面转化。

因此，道家告诫人们，在现实生活中，不必太在意一件事情在当下来说是祸还是福，应该用辩证的思维去看问题，一种因素中往往潜伏着对立的另一因素，祸与福双方是可以转化的。不过，老子也对这一问题进行了进一步的阐释："福祸无门，唯人所召。"也就是说祸与福虽然难以预测，但是可以依靠人的努力去转化和维护，从而在祸福面前保持一种更为平和的心态，达到一种坦然和谐的幸福状态。

道家的"无为"并不是指不行动，而是顺应自然而动，"不争"也不是不行动，而是回归事物的自然本性，是一种如水一般的运动。

世人往往在谈论人生时，必会谈及事业成功与否的话题，好像唯有事业成功才是可以获得幸福的途径。如今更是一个推崇成功的社会，绝大多数人都被淹没在成功的追逐中，早已忘记了生命本来的最终目的。尽管人们也会说："成功只是手段，幸福地生活才是目的。"可是，人们却仍然无法放弃对成功的狂热追逐。

曾经有这样一对夫妇，两个人都是极其要强之人，不喜欢居于人后，所以，他们在各自的工作领域都取得了不俗的成绩，升职、加薪，样样都达到了自己最初所定下的目标，成了同龄人羡慕的对象。夫妻二人怕影响工作，结婚几年，一直没有考虑要孩子。后来感觉事业已经小有所成，开始考虑生孩子的事情。可是，就在妻子刚刚怀孕不久，系统内部下达一个升迁考试的消息。为了能够顺利通过这场考试，夫妇二人决定将孩子做掉。就这样，一个可怜的小生命还没来到人世，就被父母狠心抛弃了。事情的结果当然是考试通过了，升迁也如愿以偿。这时他们觉得确实需要一个孩子了。然而，等待他们的却是久久未能怀上孩子的残酷现实。因为他们年龄偏大，加上之前又做过人流，采取过各种避孕措施，致使想要孩子的时候，已经很难受孕。虽然他们去过很多专业医院就诊，花了很多钱，可始终怀不上。

后来，夫妇二人很怕看见别人家孩子活泼的样子，每每看见人家的小孩，他们就会想到自己曾经的孩子，就为了一次升迁考试，他们就剥夺了他来到这个世界的机会。而无法再孕，也成了他们一生的最痛。因为没有孩子，夫妻关系也变得很敏感，家庭气氛常常有些异样。夫妇二人不止一次悲痛而伤感地对友人说，如果再给他们一次选择，他们宁可不要现在的职位，也要把那个孩子生下来。

这对夫妇为了虚名虚利，奔波忙碌，错过了最佳的生育时间，

尽管事业上取得了一定的成绩，可是为此所付出的代价却是一辈子都不能拥有自己的孩子，无法享受儿女绕膝的幸福。而且，在现今婚姻脆弱的时代，没有孩子的家庭，经营起来更是要付出比一般家庭更多的心思。他们的物质生活或许会更加富裕，因为不需为孩子准备高昂的教育费用，但是他们的内心却会因为缺少子女的欢乐哭闹而无比寂寞，所以说他们是不幸福的。他们的遭遇也应了老子的话：福与祸是相互转化的。

现代人以为追求成功就是幸福，在追求成功的道路上，不辞辛劳甚至"不择手段"，而忘记了人生还有其他的快乐，忘记了身体的健康、亲情的可贵、友情的纯真、婚姻的美好。当这一切都失去的时候，才知道自己原来一点儿也不幸福。

拿破仑拥有普通人所追求的一切——荣耀、权力、财富，但是他却说："我这一生快乐幸福的时间加起来还不到一个小时。"世人其实就是这样，认为自己应该怎样，然后不停地为那个目标去努力，如果这个目标真正是自己发自内心喜欢的，他会在追求中感受到其中的快乐，但是，世人追求的目标往往是世俗标准下的东西——名与利。为了这些，人们奔波着、劳碌着，攀上一个高峰，再上一个高峰，弄得自己身心俱疲。所以，更多的时候是感受不到幸福的。

哈佛心理学教授本·沙哈尔曾说，不管是东方人还是西方人，每个人都想要幸福，但是人们对幸福的理解不够深入减少了他们获得幸福的可能性。施密德也说，幸福就是顺应自己的天性。而顺应自然，"见素抱朴"更是我国道家的幸福观。人们无法感受到幸福的根源，可能就是因为并不了解什么是自己真正需要的。

6
幸福的来源

对于幸福,有研究者给出这样三种观点:

(1)美德与圣洁:这一观点是希腊禁欲主义所指的幸福。他们认为如果能够拥有自身所渴望具备的品质就是幸福,亚里士多德称其为"存在的理想状态"。

(2)生活的满足:这是对生活的一种肯定评价。如果一个人对自己的生活感到满意,他就会觉得自己是幸福的。

(3)令人愉快的情感经历:这一幸福感,来自一个人在某一时刻所感受到的欢欣、愉快、兴高采烈。因为这段经历令他感到愉快、美好,所以产生幸福感。

虽然每个人对幸福的理解不同,但是这三种观点基本包括了人们可以体会到幸福的每个侧面。

哈佛心理学教授本·沙哈尔将幸福归于"快乐与意义的结合"。他认为幸福不仅仅局限于生命里的某一刻,而是贯穿人生始终的全过程:即使有时候会经历痛苦的感受,但是,在总体上也能感受到幸福。可以把他的这一理论做这样的解释,就是快乐代表着现在的美好时光,属于当前的利益;意义则来自目的,代表着一种未来的利益。

心理学家认为,人类有很强的效果动机,使事情如预期的那样

发展,并能控制这些事件。因此,在人类的进化过程中,除了能够适应恶劣的自然环境,还有创造游戏和其他目标定向任务的能力,在这些能力中发展出真正的精细技术,并且完全地享受这些过程。所以,人类祖先发明了各种武器和生产工具,学会了耕种土地,建设家园。人类在不断进化中,不仅有创造发明的能力,在做这些事情时,还能让他们感受到快乐和享受。因此,研究者认为,人们做这些事情不仅是为了得到物质上的收获,很多时候,富有成效的工作也是让人获得幸福的可靠来源之一。

在对幸福的追求中,感情也是人们极其关注的一个层面。人们对于幸福的追求是离不开对美好感情的追求的。很难想象一个没有感情的生命会是什么样子。

心理学研究认为,感情引发行动,它赋予人们行为上的动机,做出符合他人或者切合自己心意的行为,从而达到一种与他人互动的效果。一位神经病学家记录过这样一个案例:他曾经接受过一名患者,这名患者是一位律师,由于患了脑瘤,医生对其实行了手术治疗。术后,这名患者的认知能力,比如记忆、数学能力、感性知觉以及语言能力都正常,但遗憾的是在手术中,他的情感思考能力受到了损坏。虽然他依旧有着和其他人一样的生理基础以及认知能力,但他的"感受和情感"系统却严重受损。

这一状况,让他的生活发生了巨大的改变。他曾经有个幸福的家庭,但是手术后,由于他的情感系统失常,使得他的行为让周围所有的人都无法接受,为此,他失去了有着丰厚薪酬的律师工作,并且很长时间内无法找到工作,他的妻子也离开了他。可是,令人无法理解的是对于这一切,他竟然无动于衷。

如果一个人丧失了感情,并因此失去行为的动机,将再不会对生活有任何渴望，当然也无法感受到幸福，也不会带给任何人幸福。

心理学家认为，幸福是一个人追求的终极目标，没有一个正常的人不渴望获得幸福，而能为人们带来幸福感的包括物质和精神两个方面。

心理学研究认为，通常人们的内心渴求得到满足后，幸福感便会降临。而不论有着怎样社会背景、有着怎样教育程度的人，都要受一种思想的支配，而且一个人的思想越深刻、越正确，那么由它指导的行为就会越持久，他的成就感也就会越大，所感觉到的幸福也就会更加强烈。所以，追求幸福是人的一种本能，没有一个人会放弃对幸福的渴望。而正是这种渴望，致使人们去寻找、去追逐属于自己的幸福。尽管人们对于幸福的感受千差万别，尽管幸福这一概念历经多少年也没人能给出一个确切的定义，但是，不论怎样，人们还是尽其所能地追寻着自己想要的幸福，或者说以为自己所为之努力的生活就是自己梦寐以求的幸福生活。

人们又因为各自对幸福的理解不同，对其如何能够实现的认识不同，于是，便有了不同的追求目标。不过可惜的是，这些目标到最后，基本上都可以归结为对名与利的不懈追求，谁拥有的权力越大、谁拥有的财富越多，就标志着他越成功，可是，当人们拥有了这些之后，却并没有真正感受到太多的幸福。这也正是心理学研究中不断论述的一个问题：成功实际上并不一定能带给人们预想的幸福感。

不可否认，人们在追求幸福的过程中会遭遇各种各样的矛盾。首先，太注意于追求幸福其实是一种自我欺骗行为，因为实际上，人们越是试图生活得幸福，就会越发感受不到幸福。而这其中的原

因之一就是，人们似乎并不太理解什么会让自己幸福或不幸福。正如心理学家丹尼尔·吉尔伯特所说的那样，在人生遭遇重大变故后，无论是积极的变化还是消极的变化，都会让人们恢复到惯常的快乐或忧郁状态，对人们的幸福感只会产生一些短期的影响。而另一个原因可能是，人们在没有遭遇重大困难、一切称心如意的时候，总会把获得幸福的希望寄托于理想的未来。因此，即便能够克服幸福的模糊性，真的树立了一些能将自己引领进入美好生活的目标，还是有可能被一个假想的幸福未来所迷惑，从而很难注意到眼下自己已经拥有的幸福。

在追寻幸福的过程中，对成功的事业、美好的感情等的追逐，都是存在一定风险的，这个风险就是人们对未来的幸福给予的期望值过高，致使无力面对失望、遗憾以及自责。因此，保证获得幸福感的态度应该是明白生活不可能事事遂人愿。正如心理学家米哈里所说，"宇宙并非为人类的舒适而造就"，如果人们能明白这一点，对幸福的感受可能会多一些。

Chapter 2

幸福到底是什么

　　幸福是什么，这是一个处在人类文明史最开端的问题，人类的文明史就是因追求幸福而朝着幸福的方向迈进形成的。幸福是什么，直到今天，仍是人类社会中被广泛讨论的话题。

　　人们对幸福是什么的问题莫衷一是、各执一词的感想，在茶余饭后不被人所记录；但生活中的常识和书店里满书架的书籍告诉我们，只要努力学习、积累财富、健康饮食、家庭美满，就等于拥有了幸福。

1
幸福是一种主观感受

幸福是什么？有人会很快地回答，幸福就是你非常饥饿时，刚好有人给你送来了一块面包。也有人会很庄重地说，幸福就是能和爱着的人天长地久，日日厮守，不管生活是富有还是清贫。还会有人回答得更简单，幸福就是知足常乐……这些说法似乎都没有错，《辞海》中也作了解释。

《辞海》对幸福的解释是：心情舒畅的境遇和生活。这个解释比较接近"幸福"这个词最初的意思。在英文中，happy（幸福），最早源于希腊文，最初的意思就是"好生活"。按照古希腊哲学家亚里士多德的说法，所谓好生活就是指有意义的生活、值得去过的生活，就是能让人感到称心如意、有成就、有满足感的生活。在有意义的生活中，每天舒心，没有烦恼，你当然就会感到很幸福了。

另一位古希腊哲学家伯利克里的说法却显然不同，他提出"要自由，才能幸福；要勇敢，才能有自由"。这种"勇敢自由"的幸福论很难被人们所接受，但它又有一个跨栏跳跃式的上升，直接触碰到了幸福的本质。伯利克里比较早地提出，幸福是人的一种感受，这种感受是对现实社会生活的反映，这种感受反过来又可以调节人的行为。

这种不同人之间存在的认识差异，甚至同一个人思想中出现的

不同，其实都很正常。即便是现代技术型的思想和认识，也很难将某种事物的本质一概而论。美国一家把幸福作为研究目的的科研机构也只做出部分结论：幸福与年龄、性别和家庭背景无关，而是来自一份轻松的心情和健康的生活态度。这个结论虽然严谨科学，但仍然没有超越一些古代先哲关于幸福的思考。

中国理学大师朱熹曾有一个"月印万川"之说。同一个月亮照在江河湖海中，便同时出现了千千万万个不同的月亮。同理幸福不也是这样吗，不同的人对它理解也肯定不同。再回到对幸福是什么的提问上，众人仍然是莫衷一是，各成一派，从某种程度来讲这些说法都是正确的。有人说，几十亩地一头牛，老婆孩子热炕头，就是幸福；有人说，拥有权力、地位和财富，就是幸福；有人说，平平淡淡，无心无欲，就是幸福；有人说，探真知，求真理，就是幸福；甚至还有人说，感受痛苦就是幸福。由此可知，幸福是人们结合自己的实际情况、在自己的价值判断上获得的主观感受，并且这些感受会因时因地、因事因势而产生变化。

综合而论，幸福存在着四种类型和层次，所有的人不论是有意识或无意识地去想，实际上追求的也就是这四种幸福。

第一层次的幸福是得到即时的满足和快乐。比如人在饥饿时，第一需要是得到食物。尽管第一需要的欲望在当时非常强烈，但在满足之后就会很快消失，因而这个层次的幸福感是肤浅的、不能长久的。

第二层次的幸福是成就感的获得。对成就感的追求，可帮助我们获得在社会生活中比基本需求更高级的身份认同。成就感具有很强的持久性，有一定的深度，对人的影响时间也会比较长。在成就感的形成过程中，它会要求人必须具备较高的能力，从而在商务、职场、政坛等素质要求高的平台上具有竞争力。

事实证明，任何人不可跨越最基本的第一层次的幸福要求，但是，如果一个人总是停留在第一层次的幸福上，这个人一定很难有成就上的上升。第二层次的幸福追求同样是每一个人所追求的，但如果是不切合实际的过度追求，比如与别人比钱、比车、比房等，不但带不来幸福，还会带来无止境的痛苦。

第三层次的幸福是通过帮助别人让自己幸福。摆脱第二层次过度的成就追求，有效途径就是第三层次的幸福追求，也就是在帮助别人的过程中获得幸福。这个层次的幸福追求能使我们对家庭、对工作、对社会都产生积极的影响。

第四层次的幸福是最高级、最高尚的幸福。这个层次追求的是人类最终的真实、善良、合作、互爱和进步。我们每一个人都有机会获得这种幸福，除非是能力不及或有意忽视它。

总之，人之所以能够体验到幸福，是因为人心灵上的愉悦和快乐的感受。也就是说，从某种角度上，幸福就是一种感觉，是一种自我评价，如果这种感觉或自我评价使自己感到满意，那就是幸福。一场电影，有的观众看得泪流满面，激动不已，也有的观众会评价电影造作，无谓煽情，同样的电影为什么会出现不同的评价，原因就是观众之间的感受存在差异。

同一遭遇，可以让人产生幸福与不幸福两种感受，这完全是由人的主观体验和解释不同造成的。面对同样的遭遇，感觉幸福的人会有积极的解释，感觉不幸福的人则会有消极的解释；感觉幸福的人坚信乐观，感觉不幸福的人怀疑抱怨。

2

幸福是满足和舒适的顶点

有了前面的"幸福的四个等级分层",我们就应该不会再简单地将幸福与生活上的满足感混为一谈。我们已经知道,第一层次的幸福是得到即时的满足和快乐,但因这个层次的幸福感很肤浅并且不可长久,在质量意义上,很多时候并未够上幸福的程度。

事实上,仍然有一些人将满足感和幸福感混为一谈。不久前,阿伦巴赫民意测试研究所在德国新老联邦州进行了关于"幸福感"的调查,调查表明幸福感和满足感区分不清的人占有很大的比例,其中一位35岁的受访者就坚决地认为:对我来说,幸福与满足之间可以画等号。当我可以如我所愿地拥有自己想要的生活时,我就幸福了!

幸福包括满足感,但满足感不一定就是幸福感,当一个人的物质愿望得到满足,并且精神层次上不再考虑还有什么不满足时,满足感才等同于幸福感。满足是证明这个人还处在思考的状态,所以说满足感是相对的,他还有未满足的只是现在没想到,这时的满足并不是幸福,甚至还夹杂着烦恼,当他不再为这些问题所烦恼的时候,这种满足才是幸福的。

满足是我们很容易感觉到的,如果它就是幸福,恐怕人生就再无幸福了,因为真正的幸福还需我们努力争取。有很多的幸福并不容易让你享受到，它们可能很深刻、很有力度，能够超越物质的特质，完全不像满足感那样直截了当。满足感只是幸福的一种表现或是得到幸福的前提条件，它们根本不在同一个层面上。形象地说，幸福是当满足感抵达巅峰时才会有的体验，假如人们各种欲望对应的满足感就像是一座山，那么顶峰的那一点才是幸福。正所谓喜极而泣，满足不会令人流泪或是欢呼，但幸福可以，幸福总能让人激动不已。

这里值得补充的是，有些满足感忽隐忽现，并不是很快消失，也并非停留在某一程度上，而是随着下一次连续的满足，有序地向上发展。这种长效的满足感，同样是出于心满意足，只是等次高级的满足，仍未抵达幸福的巅峰。与此相反，幸福感在出现的一刹那，就算在物质上没有更高一级的满足，它已经在精神和感官层面达到了巅峰。

即使我们能很容易地区分一些被混淆的概念，也不一定能分辨现实生活中更复杂的东西，很难发现某两种表象不同事物的内在同质联系，比如，我们会将"幸福"和"满足"混为一谈，却绝不会将它与"不满"弄混。幸福比满足和舒适更多一点，从表象上看，也确实有一些幸福来源于不满足的例外。有一位著名的环保活动家，他以关注社会的不公正为己任，他的最幸福的时刻就与众不同。有一次他组织了一场公开的抗议，抗议奥地利多瑙河畔茨文藤多夫村附近核电站的建造项目，虽然抗议者遭到警察的抓捕，但核电站项目最终没有继续下去，他就为此感到幸福。

诺贝尔奖获得者、心理学家丹尼尔·卡纳曼提出，人们一直认为金钱使他们幸福的原因就是追逐金钱能达到传统意义上的成功。事实上，拥有大量金钱和地位的人只是对他们的生活感到满足，他

们感受到的并不是幸福。来自慕尼黑的幸福感研究者贝尔德·郝尔农也认为:"幸福是一种主观上的舒适,某个人认定了自己身心都感到舒适,便可以称自己是幸福的。"美国专门从事幸福感研究的心理学家则将这种"主观上的舒适"细分为三个要素:

(1)生存所需要的满足感。

(2)时常感受到积极情绪。

(3)能够及时化解消极情绪,特别是抑郁、偏执和恐惧等。

当一个人审视自己的生活和状态时,能够觉得很舒坦,满意地点点头,经常对自己微笑。因为这种"主观上的舒适",可以说他是幸福的人。

"主观上的舒适",肯定不是仅指物质上的舒适体验,浴缸里的热水、最新款式的沙发、一盘新鲜奶酪等,抚慰你各种感官的东西带来的都不是幸福,在物质层面的"舒适"之上还应该有一种更深层次的需求,仅靠感官满足是无法达到的,需要主观意识有意义地参与。

有这样一个哲学命题:世界上有两类穷人,有人出两块钱让其中一类人去挑一担水,他们一定会去做,因为他们想到,挑水可以不断积累金钱,有了积蓄就可以再做更好的生意。而另一类人,即便有人出十块钱也不会去挑水,他们想的是,挣到的钱花光了我还是穷人。

在现实生活中我们会发现,后一类人总是笑前一类人,因为他们认为那么拼命地赚钱,还不是为了享乐。我什么也不做,就已经快乐了。你们拼命地赚钱,最终的目的不就是想得到我现在的快乐境界吗?

如果有人认为,人生最终不过是一种难以捉摸、毫无意义的过

Chapter 2
幸福到底是什么

程,那么他的人生就是一场悲剧。当然,除了这种极端的人生幸福观,也没有人会认为人一生下来就幸福,更不会认为不经努力和感悟就可获得幸福。因此,所有人的一生都是走在追求幸福的路上。

幸福不等于满足和舒适,不等于财富或金钱的丰收。尤其是所谓功成名就的人,在他回顾自己走过的道路时,会更深刻地领悟到:幸福并不在于满足,而在于内心永远存在着希望的感受,哪怕那种希望一辈子都难以实现,得不到满足,但希望的本身就会令你得到快乐。所以说,幸福时刻都在,只要你愿意寻找和善于发现。

3

幸福需要配上一把万能钥匙

幸福是一种能力，并且可以改进和提高，这是积极心理学派的核心。

积极心理学的倡导者马丁·塞利格曼提出，乐观是一种积极的认知风格，它可以使一个人在遭遇挫折和困难时具有三种对挫折和困难积极的解释方法：一是他会认为挫折和困难是暂时的，并不是长久的；二是他会认为挫折和困难只是特定性的，而非稳定性的；三是他会认为挫折和困难多是由外部原因引起的，而非完全是内在因素导致的。塞利格曼在宾夕法利亚州大学课堂上做过一个试验，他设计了一项感恩练习作业，要求学生每天临睡前，写下三件值得感恩的事情，练习坚持八周。练习的结果是，学生们在自己的生活中，发现了许许多多平时被忽视的令人喜悦的事情。

哈佛大学心理学家尼古拉斯用了 20 年的时间进行一项幸福研究，他跟踪调查了 5000 多人，调查结果表明，幸福感能够在人与人和人群与人群之间蔓延，具有很强的传染性（积极性）。当人们在空间或时间上彼此贴近时，会因为彼此的幸福而变得幸福。比如，一个人感到很幸福，那么距离他一公里外的好朋友，只需接收些微的信息，其幸福指数也会上涨 15%。最常见也是最有说服力的例子就是，当父母接到远在他乡儿女的喜讯时，其幸福指数会有惊人的大幅度提高。这也是积极心理学研究的意义所在。

2006年2月,哈佛校长萨默斯为自己的惊人之语"女人天生不如男",付出了离职的惨痛代价。即将离职的萨默斯懊悔不已,整天闷闷不乐,他的同事好友找到正在教授"哈佛幸福课"的泰勒博士,讨教如何让萨默斯校长快点儿振作起来。泰勒博士给萨默斯校长拟了一份这样的练习:首先,大胆地去经历自己现在正经历着的任何事情,并且自然地接受下来;其次,萨默斯校长也要清楚地学习和了解一下,"人类天生具有非凡的克服沮丧事件的能力",他就会明白,事情并没有它最初看起来的那么糟,即便是丢掉了世界顶级大学的校长之位;最后,仔细回顾一下作为哈佛大学校长的经历,回忆一下自己任期内巅峰时刻的情况,并用所学到和领悟出的自身优势,去寻找可能比做校长更好的新的机会和用武之地。泰勒博士说:假如这些办法仍不奏效,我可以在我的课堂上留一个座位,校长先生可以旁听这门课程并做相应的论文。

幸福是一门科学,需要正确认识,幸福更是一种能力,需要动手去做。中国民间也有一个类似的故事,说明幸福可以改进和提高。

从前有个先生,可以让任何人都得到幸福。某天,一个满脸愁云的女人找来,女人向先生哭诉道:"我们家的茅屋本来就小,已经住了丈夫、孩子和我4个人。可是,现在公公婆婆也搬过来了,6个人挤在一间小的茅屋里,日子过得也太不顺心了。我是个有孝心的人,不好让公公婆婆再搬回去,您能给我出个主意吗?"

先生听完女人的诉说,想了想,问道:"你家养牛吗?"

女人答道:"养呀,可这和屋子大小有什么关系?"

先生说:"养牛就好,你回去拉一头牛到屋里喂养,一星期后

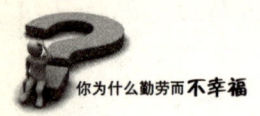

再来找我。"

一星期后,女人一来就抱怨:"按您说的,我把牛拉进屋里养了,可日子更是没法过了啊,屋里本来就挤,牛一动,我们全家都要跟着动。"

先生笑了,又问道:"你家养鸡吗?"

女人说:"养啊,是不是用鸡把牛换出来啊?"

先生说:"不用换,你把鸡也赶进屋里养,过一周后再来找我。"

女人听完更加纳闷了,但她相信先生是个有办法的聪明人,于是就又回家照办了。一星期后,女人又去找先生,还没等进门便大喊大叫起来:"你还是聪明人呢,我家里现在是鸡飞牛跳人不安,满地的牛粪,满屋的鸡毛,这样下去,还让我们怎么过日子?"

先生一言不发,等女人骂完了,平静地说了一句:"现在我找到办法了,你快回去吧,把牛牵出屋子,一星期后来找我。"

虽然女人听完觉得这先生真的没什么聪明的,但她还是听了先生的话。一星期后,她又来到先生家,先生问她:"这个星期的感觉怎么样?"她回答道:"比以前好多了,自从把牛牵走以后,家里就宽敞多了。"

先生笑着说道:"你家的困难是想彻底解决吗?我有一个办法,你回去后把家里的鸡全部赶出屋子。"

女人回去后把屋子里的鸡全都赶了出去。第二天,她和孩子、丈夫、公公、婆婆都很开心,感觉又破又小的茅屋突然变得安静、宽敞、干净了。从此,一家人过上了快乐无比的日子。

小屋还是原来的小屋,人还是原来的那些人,日子也还是像原来一样的穷困,但是经过环境的变化和对比,幸福感就出来了。

没有经历过一定的磨难，就很难体味到生活中的甜美，就很有可能出现身在福中不知福的情况。磨难可以丰富人的感情体验，只要把当前的困境与更糟糕的困境相比，人的心境就会豁达，心情就会快乐起来。暂时的困境并非想象的那么可怕，可怕的事情你可能还未经历，应该暗自庆幸才对。乐观积极地面对困境，以饱满的精神迎接它，勇敢地挑战它，最终就能战胜它。美国哲学家赫舍尔说："没有羞耻、焦虑和厌恶，便不可能对人类的处境进行思考；没有无止境的心灵苦痛，便不可能体会到大的喜悦和幸福。"

　　这个故事的意义还在于，无论我们处在何种生活状态，经历变迁，遭遇不幸，或成功卓越，名利双收，我们都要对人生负起一个重要的责任：让自己幸福。但如何获得幸福是一门科学，更是一种能力。故事中的先生之所以能让没有幸福感的人感到幸福，是因为他既具有幸福科学的知识，又具有践行理论的能力或方法。幸福有因果的逻辑关系，发现与创造幸福需要能力。能力是打开千千万万种幸福的万能钥匙。经营幸福的能力大小也决定着幸福指数的大小，所有幸福的人都是有能力经营幸福的人。

4
幸福与不幸福的中间地带

我们是否真的幸福？在现代人的生活状态中，如果我们没有忽略掉一种真实存在的"伪幸福"情况，真的很难做出非此即彼的判断。

"伪幸福"可以定义为不够幸福，类似介于健康与疾病中间的"亚健康"状态。亚健康者总是感觉不舒服，但却查不出任何器质性病症。"伪幸福"也是这样，看上去各方面状态不错，也似乎有幸福感，其实心里却很少有幸福感。

一个男孩来看心理医生，说："世界上最大的不幸发生了，我最爱的女孩结婚了，可新郎不是我！我参加了她的婚礼，她看到我以后，眼里像是有泪，我想她一定不幸福，她一定是后悔自己做了一个轻率的决定。"心理医生说："听起来你非常爱她，你因她的痛苦而痛苦，为她的幸福而幸福。"男孩回答道："是的。"心理医生问道："你说女孩不幸福，是她自己告诉你的，还是别人告诉你的？"男孩说："都不是，我看到她的表情，我想她是不幸福的。"心理医生说："我明白了，她不幸福是你想象的，而你所有的烦恼都是因为想象她不幸福引起的。无论她是否真的幸福，你应该换一种方式，就是想象她是幸福的。"男孩接受了心理医生的建议，很快就微笑着站起身来向医生道谢。

这里所说的"伪"，除了假的意思，还有一种混沌、模糊不清的意思。人们一般用"幸福"来表达一种大家都心知肚明的感受，但这个词在实际表达中并非只有一个意思。比如，当一个人说，"总的来讲，我对自己的现状感到很满意"，其他人就以此来推断这个人是幸福的。而"幸福"也会经常被用来表达并不幸福的感受，比如，"我很高兴打破我汽车玻璃的小浑蛋被抓住了"，其实说话的人并没有真的感到高兴，他只是在表达自己的一个态度而已。

在现实生活中也有一些"伪幸福"。比如，买下一双高跟鞋，刷卡的那一瞬间，幸福感是 3 秒；品一杯醇厚香甜的热巧克力，吞咽的那一瞬间，幸福感是 5 秒；拥一床好质感的棉被，跌落梦乡的那一瞬间，幸福感是 8 秒。而在我们的爱情生活中，虚假的、一厢情愿的、不现实的"伪幸福"，不是也很常见吗？

在美国，人们过分地痴迷幸福感的速成，每年都有大量的提供简易解决方案的励志书籍出版，介绍避免劳苦人生的秘诀，此类书籍的销量十分令人震惊；随着现代精神病学的发展，越来越多的人开始接受药物治疗，精神科医生一碰到情绪失调的病人就会开处方药。这种美国式的痴迷，带来的其实就是"伪幸福"，不是对幸福的痴迷，而仅是对短暂的快乐的痴迷。如果经常借助一些简易的方法来寻找幸福，会使人忽略长期的幸福以及对意义的追求。真正的幸福不代表对不安的情绪或生活困难的免疫，药物治疗和励志书籍是无法从根本上避开这些问题的。幸福的人一样要去面对困难，要克服生活里的种种障碍，正如弗兰克所说："人类需要的不是一个

没有挑战的世界,而是一个值得他去奋斗的目标。我们需要的不是免除麻烦,而是要发挥我们真正的潜力。"

幸福来源于生活,然后慢慢沁入生活中,需要我们用心去感受。凡是与生活相违背的幸福,便不能称为真正的幸福。幸福的假象就像海市蜃楼,虽然刚开始出现的时候会令人兴奋不已,会让生活突然变得绚丽多彩,但是,时间一长海市蜃楼终究是要消失的。

追求幸福就必须学会识破幸福的假象,对幸福的假象没有必要去苦守、去追求。万万不可像聪明反被聪明误的猴子一样去水中捞月,冒着坠水的危险,最后什么也没有得到;不可明知某个幸福无法获得,却用暂时的替代品或"山寨"版的幸福来欺骗自己;更不可借助吗啡等危险有害的物品阻断内心的幸福之路。

5

幸福与不幸福的相对和互转

庄子《逍遥游》中讲了一只大鸟和一只小鸟的故事。两只鸟的能力完全不一样。大鸟能飞九万里，小鸟从这棵树飞不到那棵树。可是它们都做到了自己能做的、想做的，所以说它们的幸福是一样的。在庄子看来，万物的自然本性不同，其自然能力也各不相同，但有一点是相同的，就是在它们充分自由地发挥其自然能力的时候，它们获得的幸福感是同等的。由这个故事也可推知，幸福是相对的，每一个人都可以获得。至于有没有"绝对幸福"，我们在此不必讨论，因为哲学家们已经讨论得很混乱了。庄子也有一说，一个人倘若获得了"绝对幸福"，那么"他是至人，神人，圣人。他绝对幸福，因为他超越了事物的普通区别，也超越了自己与世界的区别，超越了'我'与'非我'的区别；所以他无己，他与道合一"。其实，到了这种境界，仍然是一个人的主观感受，这仅仅是相对普通人而言。

由于幸福的相对性，幸福与不幸福有很多是通过主观比较得出来的，甚至存在于一念之间，完全取决于自己的主观感受。比如一个学生终于等来了一所国外好大学的录取通知书时，他狂喜不已，万分幸福地接受了收到的录取通知书。可是令他没想到的是，紧接着他又收到另外一所更好大学的录取通知书，因为与前者的"一诺千金"，他就不能去更好的大学了，因此他感到非常痛苦。这个留

　　学生去国外前，请人帮他预定了低廉实用的出租房，因为有人帮忙打理，他觉得很幸福。但是等到了国外，经过打听，他发现别人的房子都比自己的房子便宜，顿时他又感到不幸福了。

　　哈佛幸福课里的"幸福的相对论——相对而言的幸福感"，对连体双胞胎洛里和雷巴做了观察研究。她们几乎没有做过那些让正常人感到极为幸福的事情，比如翻跟斗、潜水等。可以说，洛里和雷巴的体验背景比一般人贫乏，假如在她们生日那天送上一个巧克力蛋糕，她们可能会根据自己贫乏的体验背景来评价自己的感受。原因在于，她们贫乏的体验背景挤压了她们的语言；而另外一种可能性正相反，贫乏的体验背景会拉伸她们的体验，也就是说，她们的幸福感受跟我们一样，如同我们在大堡礁潜水时的感觉。

　　"体验拉伸假设"是哈佛幸福课"相对而言的幸福感"中的重要概念。例如，一支香烟会让你感到快乐，而你的妻子却无法理解你为什么会因吸烟而感到快乐。妻子的不理解是因为她没有香烟也可以很快乐，如果你能不吸烟，她会因此感到快乐。但是，根据体验拉伸假设，如果你过去没有体验过香烟药物学的魅力，那么你也可以不吸烟就感到很快乐，可是，你已经体验过了。所以，假期在金色的沙滩上，你倚着休闲椅，小口啜饮美酒，看着夕阳一点点沉入绸一样的海中，但此刻你嘴里少了一支上等的古巴雪茄，你还能感觉到这个时刻的美妙吗？如果你用语言向你的妻子解释你的快乐，但因为她从来没有体验过蒙特4号雪茄带来的刺激享受，她的体验背景贫乏，根本不知道你的快乐到底是什么，那么你就是在拿自己的运气和婚姻开玩笑了。

　　幸福的主观比较有正反两面性，很多人由于主观的错误认识，而陷进物欲的比较当中，也就是我们最常见的物质幸福攀比。"我的房子比你大，所以我比你幸福"，"他的女人比我的女人漂亮，可能他比我幸福"。攀比，是把自己的幸福感建立在别人的不足之上，或者是把自己的不幸福感置于别人的长处之下。更严重的是幸福嫉妒比较，中国有句话叫，"这山望着那山高"，嫉妒别人，这些毫无例外地会给自己带来不幸福。其实，妒忌别人，认为别人比自己幸福只是看到了表面现象，别人的痛苦也未必会让你知道，更有的人会出于虚荣心总是喜欢伪装幸福。

攀比的幸福和嫉妒的幸福都不能带来自己想要的幸福。攀比得来的东西往往并不是你真正需要的。别人评上了教授，你再怎么嫉妒也没有用，因为当你自己去评教授时，接受考评的不是别人，而是你自己。所以，如果你认为别人围墙里的草比自己家里的草更绿，那么就花力气往自己家的园子里多浇点水吧。

幸福和不幸福不但是相对的，而且是可以相互转化的。再说上面抽烟的例子，抽烟让你体验的是蒙特4号带来的刺激享受，抽烟的人无一不认为抽烟是幸福的。但如果有朝一日，你被医院检查出因抽烟过多患上肺癌，你想到生命即将终结，想到等不及陪着女儿走上红地毯时，你抽烟的快感虽然还在，但已经不再是幸福了。

电影《魔鬼代言人》中有个律师，他为了获得幸福，工作非常努力；但他做了魔鬼的代言人，在魔鬼的帮助下打赢了无数官司，不断地升官发财。然而，他的妻子不喜欢他这么做，并最终因此被魔鬼害死。律师悔恨已晚，他的幸福感随即发生了逆转，陷入深深的痛苦之中，最后他选择与魔鬼同归于尽，以悲剧告终。

电影《辛德勒名单》里的辛德勒，是个有钱的商人，他雇佣了很多犹太人，把他们救了出来。辛德勒因为自己了不起的行为，应该会心怀一种伟大崇高的幸福感。

6

幸福有一个难以摆脱的递减律

幸福是一种精神的愉悦，或者说是心理学所说的大脑的兴奋状态，而不仅仅是物质的满足。有刺激才有兴奋，从生理学上说，兴奋的状态来自外部的物质和信息的刺激，而这种刺激就是人很想达到而又没有达到的目的、目标或理想、追求。由此可做进一步推导，既然幸福是由外部刺激引起的兴奋状态，那么没有刺激也就没有幸福；既然刺激是一种人想要达到而又没有达到的目标，那么当人达到了这个目标的时候，这种刺激也就逐渐消失了，也就没有幸福感可言了。

幸福"递减"的情况，在我们的生活中有大量的例子可以证实。同样的物品，在不同需求状态时，带给人的幸福效益是不一样的。食物的香味能引起人嗅觉神经的兴奋而产生食欲，并且在人饥饿的时候香味引起的兴奋程度最为强烈，比如，一个人在非常饥饿时得到一块煎饼的感觉，与每天吃工作餐时得到配送的煎饼的感觉完全不一样。即使是同一个人，在饥饿感渐渐消失的时候，煎饼的香味就逐渐不产生刺激，勾不起食欲，他的幸福感也随之递减消失。一个人在沙漠里口渴难耐地行走，当他得到一杯清水时，他会无比幸福地跪下来感谢上苍，而当他走出沙漠回到家中，一杯水给他带来的幸福感就降到了零。朱元璋做放牛娃时，有一次饿得昏迷不醒，一碗白菜豆腐汤令他如临仙境。当了皇帝后的朱元璋仍然难忘那一碗救命的白菜豆腐汤，他令天下厨师为他制作，但无论怎样鲜美的"珍珠翡翠白玉汤"，吃起来也都没有了滋味。

这种现象，在西方经济学中被概括为"边际效益递减规律"。这就是说，人从一单位物品中所获得的满足感，会随着所获得的物品增多而减少。

人们一直以来都认为，人类的终极目标是追求幸福，并通过科技文明促进经济发展，经济发展就会给人类创造出更多的幸福。然而在经济发展的过程中，实际出现的情况却与人们的愿望完全相反，最令人不可思议的是，在科技文明促成的经济高速发展的现代社会，无论是在国内还是国外，都有生活越富裕却越不幸福的现象。而这种现象，就是"幸福递减律"，也即西方经济学"边际效益递减规律"理论形成的基础。

"幸福递减律"比较全面地探讨了这个经济发展中的悖论，揭示了人们长期以来的一个顽固的误区：幸福等于物质。作者林火女士观察到，经济发展本是为了给人类创造更多幸福，但经济越发展，物质的边际效益就越递减，人们从物质当中得到的幸福感就越少，这完全背离了经济发展的根本目的。这个现象在很长时期中让人迷惑不解，因此，就有了一种神化解说——《圣经》里说："贪财是万恶之根。"但丁《神曲》里说："另有一种不能使人幸福的善（物质享受）；它不是福，不是一切善之果和根之善的本质。沉溺于其中的爱在我们上方那三层受惩罚。"神化者解说：在上帝看来，人类过度地放纵和享受就是一种罪过，都是要受到惩罚的。基督教为人类列出七宗大罪："怠惰、贪财、贪食、贪色、傲慢、悲伤、暴怒"，亚当的堕落就是从经不住蛇的诱惑开始的。人类不断

地追求着自身的幸福，不断地推进文明进步，难道真的是罪孽越来越深了吗？

有史以来，人类群族与群族之间、国家与国家之间，为了谋求利益，不断地发生冲突和战争，这些无处不显现出"幸福递减律"。特别是在重大灾难和大规模的残酷战争中，当人类对安全与和平的愿望极其强烈，这个时候，物质的边际效益就会陡然增加。神化者进一步解说：上帝之所以不时地在人间制造一些天灾人祸，就是为了解决这个悖反律。现代人自然不会赞同这是"上帝"的做法，但到底应该怎样解决，人们似乎还在困惑和探索中。作为可以预见未来的人类，的确不应该贪得无厌，暴殄天物，要永远怀着一种"常将有时思无时""常将甜时思苦时"的心态，这也许不失为有效控制幸福递减的一种方式。我们已经有大量的调查显示，在不同的国家、地区，富裕程度相对较低的人从物质中获得的快乐与满足往往超过富裕程度相对较高的人，这与人的心态有很大的关系。

有人说要控制"幸福递减律"，可通过"忆苦"来"思甜"的方法解决。他们认为，幸福，产生于过程中，产生于痛苦中，产生于希望中，产生于努力中，而不是产生于结果中。果真如此的话，他们还是把幸福等同于物质的满足。此时的人不是不满足，恰恰相反，正是因为餍足了才没有了幸福，因为没有了新的目标、新的刺激。古人说"生于忧患，死于安乐"，此时的人正是处在这种"死于安乐"的状态。

如果一定要人为地划定一个幸福与满足度的最佳状态，《幸福递减律》作者林火认为，人的满足度应在"黄金分割律"左右最好，这时人会有很强的兴奋刺激感，并且有很强的信心和欲望，这个时候也是人最能感到幸福的时候。所以，在达到了一个目标以后，要控制"幸福递减律"，从而继续保持幸福，并不是往回去"忆苦"，而是往前看，确立新的更高的理想和目标。而更高的目标到一定的程度必然或者说必须超越自我、突破私利。因为为我、为私、为物质都是有限的，一旦达到了，就不会再有幸福感了。但精神是无限的，它所产生的影响也是无限的。只有树立起这个目标，人才会有更大更持久的幸福。而个人的、私利的、狭隘的目标不能开拓更广阔的幸福空间。人没有了新的目标和追求，就等于没有了精神支柱，也就陷入了空虚、迷茫、失望甚至绝望之中。

现代人的生活有太多的物质刺激，但物质的丰富并不代表我们精神也随之丰富，于是许多人对平常的幸福少了一份珍惜。世界上从来就没有日日欢歌、夜夜新郎的生活，一切最终都会归于生活的平实。一个电话，一个眼神，都是对爱情的表达，甚至一次善意的责骂，也是为了让爱情得以延续。失去了当初轰轰烈烈、海誓山盟的幸福冲击，而安于生活的平静，积累点点滴滴的甜蜜，这样幸福就会永不递减。活在当下，尽心就是快乐、幸福。

7
幸福有一条不容忽略的基准线

如同"价格围绕着价值上下波动"的规律一样，人的幸福感也是在一个幸福的基准线上起起伏伏。所幸的是，人的幸福基准线不受外部规律的强制规定，可以通过自己的主观愿望来进行调节。但幸福基准线的可自我调节，也带来了很多的不幸，在现实生活中，有太多的人一而再、再而三地降低，甚至时常丢失自己的幸福基准线。因此，要想让自己变得更幸福，我们完全可以通过调节主观能动性来提升自己的幸福基准线。

一个人随着成长期的改变，幸福基准线在每一个关节点时，总是呈跳跃式提升。我们在幼小的时候可能会因为得到可口的食物而特别开心，而在稍稍学会独立时，就逐渐地学会了攀比：期望拥有同别人一样的脚踏车，期望得到同别人一样的游戏机，别人所有的都会期望拥有。由于对幸福的认识不足，自己的幸福基准线总是受别人的影响，在幸福感与不幸福感的交替中，不断地改变，不断地起伏。幸福基准线的变化在学生时代进一步复杂化，成绩的竞争与排名，让幸福感与不幸福感的交替冲突非常强烈。进入了社会后，幸福基准线的设定方位更是五花八门，一会儿在某老同学的工作待遇上，一会儿在某同事的舒适住房上，一直到某熟人妻子的漂亮容颜。

因为诸多的攀比，我们的幸福基准线时常会降低，甚至在一段时间内被丢掉。比如有个青年，当他身边的同学朋友都走进婚姻的时候，他会因自己的单身越来越沉不住气，会在不知不觉中一再降低自己择偶的标准，只想找到一个能与之和睦相处、家人喜欢的对象。这也就意味着他降低了自己的幸福基准线。在他抱着得过且过的心态走进婚姻后，原有的幸福基准线就像断了线的风筝随风而去。他自己清楚，在他的婚姻中没有爱情，在现实生活中他拥着一份伪幸福，心里仍然暗恋着一个得不到的人。

在哈佛幸福课上，有学生问泰勒博士：期望越高，幸福越难获取，是不是降低一点自己的期望就能确保获得幸福呢？泰勒博士的回答是否定的，然后他反问学生：考试时，你肯定很想拿满分，但是为了"满足自己的期望而不至于失望"，你就说你希望拿到60分，结果你得了70分，你会真的因此而惊喜、感到幸福吗？你肯定不会！

对幸福的追求是人类与生俱来的冲动，是人类行为的根本动机和最终目的。人类追求幸福的能量非常大，走出野蛮时代丛林法则后，即便是到了文明程度高度发达的今天，追求幸福的欲望仍是我们生活的主要动力。我们更懂得文明社会及个人的幸福是什么，我们每个人都有一条幸福基准线，永远无法伪装，也不必伪装。

幸福感就像经济意义上的价格一样，"价格围绕着价值上下波动"，幸福感随着幸福基准线起起伏伏。同时，幸福感也像大白菜一样，大白菜几乎永远不可能涨到钻石的价格，也就是说，幸福感受到幸福基准线的制约，只能在一定的幸福基准线水平范围内波动，幸福感的大增或大跌，也只能是归因于幸福基准线的改变。在心理学领域有一项研究表明：如果你是一个太看重结果的人，那么

你达到目标后得到的幸福只能维持短暂的一段时间，然后你就会回到原有的幸福感水平上，例如一个人中了百万大奖，第一个月可能会非常兴奋和幸福，但过了半年之后，他的幸福感又会回到当初的水平。同样，如果你因为一件事情而感到挫败，一个月内的感觉可能非常糟糕，而再过一段时间后，就会一切如常，你也会回到原来的幸福感水平上。

所以，我们要想变得更幸福，就需要把自己的幸福基准线上调。这并不是说我们对待幸福总不知足，总是"吃着碗里看着锅里的"，上调自己的幸福基准线，恰恰是我们对自己的生活质量有更高的要求，在生活中积极进取的表现。

有着丰富人生经历的人都会有深刻的生活感受，他们在调整自己的幸福基准线时，注重物质享受与精神享受的比例搭配。当外部条件很难满足我们的幸福感时，我们需要回到内心，改变心态、认知、关注点以及对世界的诠释、理解的方式。随着对幸福含义的更深理解，不再一味地去争取物质的增量，而是注重追求精神上的享受，加倍地珍惜、欣赏、品味自己现在所拥有的一切。到了那个时候，我们会突然明白，幸福不容易得到是因为无休止的索取，其实幸福很简单，不需要太多的索取，只要你懂得付出，就会明白幸福就在自己身边。

有个叫晴晴的台湾女孩，一出生就患有一种罕见疾病，全身没有一丝的力气。她不能自己呼吸，不能自己吐痰，甚至连哭对于她来讲也成了一件奢侈的事。没有人能想象得出，在她短暂的三年生命中，她的家人是如何陪伴她的。也没有人能想到，晴晴短暂脆弱的生命却带给了她的家人无比的幸福和爱，带给了所有认识她的人坚强的力量去面对人生。晴晴快乐而平静地走了，她的有用器官都无偿捐赠给了社会。

　　正如晴晴父亲所言，晴晴是上帝的天使，她的坚强不仅是让自己的亲人，也让更多的人懂得了生命价值的所在。在照顾晴晴的三年里，晴晴一家人重新找到了生活的激情，一家人都获得了前所未有的幸福。

　　晴晴父亲说，无论晴晴走没走，他们都不需要同情，因为他们非常幸福。晴晴的故事也许会让很多人感到不安，因为他们明白自己没有晴晴一家人幸福。同情不是爱，同情中掺入了太多的杂质，或许有时候还是一种负担。把我们的幸福基准线再调一调，把我们的爱给予更多需要爱的人，我们会比现在幸福一百倍、一千倍。

Chapter 3

不要让财富绑架了你的幸福感

对于金钱,人们要理性对待,要合理利用金钱让生活变得更幸福,而不是沦为金钱的奴隶。想要获得幸福还有一种有效的方法,那就是要学会分享。和别人分享幸福时也可以分享到别人的幸福,使幸福加倍,这也是越来越多的世界级富豪选择裸捐的原因。因此我们可以这样认为:合理地使用金钱可以让幸福升值。

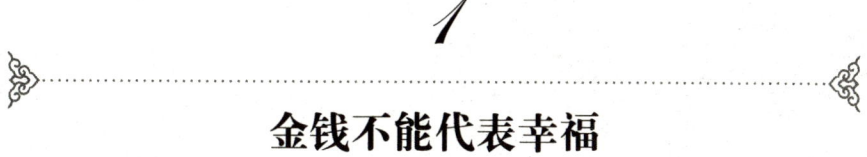

金钱不能代表幸福

一项最近的"澳大利亚人幸福感指数"调查显示,澳大利亚不同地区接受调查的 23 万人中,感觉最不幸福的是居住在悉尼等一些大城市的人,而居住在小城镇的人,反而比较安贫乐道,更懂得享受生活,能够轻松愉快地生活。在其他国家和地区也同样如此。巴西、阿根廷人的幸福感比其收入预期的高出一些,东欧国家人的幸福感则比其收入预期要低一些。令人不解的是,经济收入最高的日本人,幸福感却非常低。经济第一大国的美国也是如此,在过去的 30 年中,国民生产总值增长超过一倍,但美国人的幸福感却大大降低,抑郁症患者明显增加。美国学者泰勒指出,金钱除了给我们提供食物和住所以外,只不过是一种实现目标的手段,人们经常分不清手段和目标的区别,从而本末倒置,为获取金钱而牺牲了真正的幸福。

也有很多人认为,拥有了金钱,自己所有的欲望都可以满足,会因此感受到快乐和幸福。那是他们还没有搞清楚,幸福从来就不能与金钱等同,也不能由金钱买到。在很多时候,粗茶淡饭更能让人感受到生活的平实与幸福,而山珍海味却填充不了有钱人的无聊和空虚。幸福是内心的感受,从来就离不开精神的愉悦和满足,这就是那些并不富裕的家庭成员间和睦相处、其乐融融的原因。相

反，有些本来和睦的家庭，因为突然拥有了一笔财富，家庭成员间就开始出现了钩心斗角，甚至反目成仇。

洛克菲勒出身贫寒，创业初期勤劳能干，一直受到人们的好评。然而在他富甲一方后，就变得财大气粗、贪婪冷酷了，宾夕法尼亚产油区的居民深受其害。当地受害的居民对洛克菲勒十分憎恨，每天有无数的威胁信函送进他的办公室，有人甚至将他做成木偶，再将木偶放在绞刑架上绞"死"。就连洛克菲勒的兄弟也不齿他的行为，并将自己儿子的坟墓从洛克菲勒家族墓园迁出，说在洛克菲勒支配的土地内，自己的儿子无法安眠。

洛克菲勒53岁时，突然疾病缠身，身体几乎萎缩成了一具木乃伊。洛克菲勒倒下的原因是长期的积劳成疾和精神的不健康，医生让他在金钱和生命中作出选择。重病之中的洛克菲勒有所醒悟，听从了医生的话退休回家，努力地去过正常人的生活。他开始学打高尔夫球，上剧院看戏，还经常走访邻居，在这种平淡安心的生活中，他认清了自己过去是受到了金钱恶魔的控制。接下来，洛克菲勒开始考虑如何将自己的巨额财产捐给别人，如何去做能帮助更多人的慈善事业。洛克菲勒一生至少挣了10亿美元，他拿出7.5亿美元用于捐赠，当千金散尽时，他的心灵感到了无比的快乐，这时他没有迷失，又重新受到了人们的尊敬。

金钱不能代表幸福。其实，拥有金钱或财富，只是人们提升幸福感的一种手段和途径。如果只注重物质财富的获取，只在意财富的积累，并不能将我们引领到幸福的彼岸，而最终会成为我们追求幸福的障碍。

2 金钱与幸福的正反比

对金钱的期望与索取并不能带来幸福感，长久持续的期望和索取反而会让幸福感消失殆尽，在现实生活中炒股就是一个生动典型的例子。当股市进入大牛市时，会让众多股民兴奋欢乐，这个时候，股民的钱是真真实实地在增值。然而牛市时间长了，人们的欢乐反而渐渐消去，他们开始焦虑了，因为他们知道股票肯定会跌，但却不知道什么时候会跌。如果是暴跌，他们就会一夜回到解放前了。于是，随着股价多次上下震荡，很多明智的人退出了股市。明智的人并不是对自己和股市丧失了信心，而是觉得每天盯着股票，被动地看涨看跌，劳心费力，实在太累了，还不如退出来轻松地做自己能真正掌控的事情。

明智的人退出股市，在于对幸福感有要求，坚守股市的人却是对兴奋和刺激有要求，他们将兴奋和刺激误解成了幸福。就像彩民中彩，刚开始的时候，他们的幸福感会骤然增加，但随后便会退回到初始水平。他们希望自己能中奖，是因为他们所关注的是中奖后的短暂欢愉，并没有认识到感情在长期内变化的规律。

据美国《华盛顿邮报》的报道，近几十年来的大量数据显示，如果个人年收入超出12万美元，额外的金钱并不会给人带来更多的满足感。从1958年至1987年，日本的国民收入上升了4倍，但

研究人员发现，人们的幸福感并没有因此而大幅增加，甚至还有所降低。

有位幸福经济学家立即注意到了这种现象，他经过研究得出，当国民收入整体上升时，人们的相对收入并没有发生改变，幸福感并没有相应增强。因此可以得出这样的结论，在某种程度上，人们是在与其他人的比较中感觉到自己富有和幸福的。当然，社会性的比较并非唯一一个因素，"习惯化"也是一个关键的心理因素。一个人的收入大幅度上升，刚开始确实能够给他带来幸福感，然而一旦他习惯了有钱的新状态，原有的幸福感便会逐渐消失。

另一位研究幸福经济学的专家说："人们夸大了高收入对个人幸福的影响。"很显然，一个人的收入一旦超过贫困线，那么对于他的幸福感而言，金钱就不能扮演重要角色了。钱可以买到东西，但买来的东西并不能完全解决与钱无关的烦恼。

心理学家的研究结果也是这样，大约只有15%的幸福与收入、财产或其他经济因素有关，而近九成的幸福来自生活态度、自我控制以及人际关系等方面。因此，在衣食住等基本需要得到满足后，额外的财富并不能显著增进人的幸福感。

2004年，旅美行为决策学家奚恺元对中国6个大城市——北京、上海、杭州、武汉、西安、成都进行了幸福指数测试。测试结果表明，6大城市的幸福指数大小依次为：杭州、成都、北京、西安、上海、武汉。同一城市的富人比穷人幸福，而经济更为发达的北京、上海的居民幸福感却比杭州、成都的居民要低。

再据中国社科院社会学研究所公布的"中国居民生活质量报告"，中国有近八成的居民感到生活幸福，远远高于许多发达国家；更令人惊奇的是，农村居民幸福感强于城镇居民。

对这种现象如何解释？19世纪德国经济学家戈森写作了《人类交换规律与人类行为准则的发展》，该书直到他死前只卖出几本，他愤而停止发行并加以销毁。然而，很多年以后戈森创建的两大定理最终成为支撑整个现代效用理论大厦的支柱。如今的经济学教授经常会说一个吃包子的故事：随着饥饿感的消失和胃部极限的到来，每吃下一个包子所带来的效用依次减少，甚至产生过犹不及的负效用。这就是戈森的第一定理。戈森的边际效用递减理论，对解释金钱与幸福的关系也一样适用。同样是增加100元收入，对一个食不果腹的乞丐和一个挥金如土的人就有着天壤之别的意义。中国农村居民的幸福感为什么超过城镇居民，正是因为，农村居民的生活圈子不过方圆几十里，接触到的人生活状态几乎同自己一样，心理上没有不平衡感；而城镇居民周围人群的收入消费差异很大，身边的富人很多，因比较而产生的心理不平衡感抵消了自己对收入的满足感。

不论是国外还是国内的调查，结果都说明，幸福与财富的确有关联，但是相关程度比人们想象的要小得多，只有可以进行直接的比较时，富裕这一方才会表现出更强的幸福感。更有趣的是，许多学者对这一问题的研究，无一例外地得出金钱与幸福的关系度为0.25。

因此，我们可以认定，一定范围内，在基本生活保障被满足前，金钱和幸福度成正比；基本生活保障被满足后，金钱和幸福度的关系就不是很大了，有很多的时候甚至成反比。

3

远离金钱带来的烦恼

在竞争激烈、变化瞬息的现代社会，因金钱而生的烦恼笼罩着许多人。人们根据对金钱的占有程度将人划分为穷人和富人，然而，穷人和富人的烦恼只是内容或重点不一样，程度与痛苦度却难分上下。

穷人的烦恼主要与基本生存无保障有关。例如，一个人无论怎样辛苦，一年到头却赚不了几个钱，只能勉强养家糊口，始终挣扎在生存窘迫中。养老、医疗、教育及居住问题均成为他们挥之不去的忧虑，而通货膨胀、物价上涨更为他们带来越来越深的恐慌。

穷人因为钱少缺乏安全感，而富人因为钱多也没有安全感，比如财富不增值就会出现安全问题，在哪方面投资也有安全问题。中国有句老话叫"富不过三代"，富人钱财即便很多，他们也很担心后代是否还能延续富有。

随着社会收入分配的公平化，养老、医保等福利制度的不断完善，真正为基本生存焦虑的人将会越来越少，但金钱带来的烦恼并不会因之消除。

"钱多钱少，常有就好。"这句俗语说出了一个道理：适量地拥有金钱或财富可以远离金钱带来的烦恼。这句俗语正符合经营幸福"拥有适量的财富"的原则，但适量的财富或金钱仍然少不了经营，钱需要管好，财需要理好。

适量的金钱可以无限膨胀，也可以瞬间流失，两者同样的后果就是带来烦恼，牺牲掉幸福。令多数人感到烦恼的，并不是他们没有足够的钱，而是不知道如何支配手中已有的钱。一些人在还没有变得富有以前就高消费，所以他们所期望的富裕日子永远不会到来。奢侈消费是对每一个人的诱惑，虽然豪华的住房、高档的汽车、精美的家具等都不错，但是如果你无力支付，就不要去借贷沉溺于此。一个聪明人不会让自己盲目地背上债务的负担。当一个人陷入债务危机中时，他已经给自己制造了许多麻烦，债务就像一个噩梦，会妨碍家庭的幸福，破坏家庭的安宁。所以，一个人最明智的做法就是躲避债务的陷阱，千万别让自己陷入尴尬的生活之中。

远离金钱带来的烦恼，拥有适量的财富，用之有度。抵制奢侈消费的诱惑，躲避债务陷阱。不希求做太有钱的人，因为幸福与钱多没有关系，而只需适量拥有。

4
拥有金钱而不是被金钱奴役

从人类历史来看，以物易物是最初的贸易行为，随着社会文明的进步，为了交换方便，各种货币开始出现。货币的出现活跃了经济，加快了流通，方便了生活，对人类社会的发展起到了推动作用。可是自货币诞生的那一刻起，人类千万种的心态中便多了一种关于钱的心态，而对钱的心态也是林林总总。有的人唯钱而动，没有了奉献，缺失了合作，举手投足之间无不被金钱所役，牵着鼻子走，有时甚至被钱所毁。也有人誓为金钱的主人，无论钱多钱少都要捍卫做人的尊严。

人类发明了钱，却又因为钱产生了无尽的烦恼。在西方，很早就有一种说法：金钱是上帝抛给人类的一条狗，既可以逗人，也可以咬人。在中国，也有人试图解惑：君子爱财，取之有道，用之有节，集散有序；付出的劳动要与取得的报酬相适宜，不要贪非分之财；交易往来要诚实守法，乐善好施，普济众生，不让钱伤害自己。

当代著名的学者周国平，对金钱与幸福有过一段深刻的感悟，他认为金钱是好东西，但不是最好的东西，因此，我们不能为了次好的东西而把最好的东西牺牲掉了。这里所说的最好的东西就是生命的单纯和精神的丰富，它们才是真正能使人感到幸福的东西。钱可以挣得越多越好，但不能让挣钱的过程损害了人生的主要价值，应该让挣到的钱有助于实现人生的主要价值，成为增进人生幸福的一个砝码。

人生在世，首先要解决生存问题，其次才是自由的问题，在货币交换的社会中，有钱没钱直接关系到生存问题，也关系到自由的问题。钱对穷人的意义只是活命，穷人不得不为钱工作时，根本就没有其他的自由选择。只有在有了钱以后，有了生存的保障以后，自由才有了可能，就可以不必仅仅为了钱工作，也因为有钱而获得了自由，可以做自己真正喜欢做的事。

从没钱到有钱的过程，是一个从奴隶到将军的过程，穷人拥有了金钱，就可以不被金钱奴役，可以自由选择。然而，一个人是不是越有钱就越自由？会不会再次被金钱奴役呢？

金钱本身并无好坏之分，它只是交换财富的一个媒介，而不是财富的实体。只是人对金钱态度的有好坏之分，有人在金钱面前可以淡泊视之，也有人在金钱面前表现出的是贪婪和丑陋。一个人在追求自己的幸福时，要心役使物地去支配金钱，若物役使心，不能正确地支配金钱，则必然会被金钱奴役，金钱越多，这个人遭受的奴役就越深。

最富有、最会挣钱的犹太人，对钱与人的奴役关系，就有许多颇富哲理的思想观念，直到今天都还值得我们借鉴。

犹太人注重金钱，将金钱视为现实中万能的上帝，但在赚取金钱的时候，却把金钱当作一种十分普通的东西，就和纸张、石头一样，丝毫没有烫手的感觉。金钱本身没有低贱和高贵之分，在谁的口袋都一样是钱，不会因为到了另一个人的口袋就不是钱了；所以，拉三轮、扛麻袋的职业并不低贱，当老板、做经理也不就

是高贵。

犹太人用了一个经典的故事说明这个道理，有人拿起 50 美元对众人说："有谁想要？"众人都举起了手。这人又将钱揉得皱巴巴的，又问："现在有谁想要？"众人仍然全部举起了手。这人将钱扔到地下，用脚狠狠地踩了几下，再问："又脏又烂的钱，还有人想要吗？"结果，众人还是全部举起了手。

钱对所有人都是平等的，不会因为受到什么"待遇"就有所差别。对待钱时应保持一种平常的心态，不把它分为干净或肮脏，高低和贵贱。孜孜以求地去获取金钱，可以换得更多的财富，而失去它的时候也不要痛不欲生，因为它不是财富本身。金钱是没有性质的，所谓的性质是人自己主观强加给金钱的。如果说金钱在恶人手里是罪恶的，那么让善良的人把它赚回来就可以是善良的了。正是对金钱的这种认识，犹太商人在投资时，对于所借助的东西，是不存在一点感情的，只要有利可图，且不违法，拿来用就是，完全不必过多考虑。正是这种对金钱的平常心，犹太人才能在惊涛骇浪的商海中驰骋自如，临乱不慌，总能稳操胜券。

金钱是一种财富的"综合代表"，从某种意义上来说，没有钱的贫穷和苦难也是一种财富。因此，我们要懂得，不要单纯为金钱而生存，除了金钱，人生还有更加可贵的东西。可以对挣钱有很大的兴趣，因为对挣钱不感兴趣自然赚不到钱。把钱当作可以换取更多自由选择、更多方便的东西。切不可把金钱看得太重，否则会给自己背负上沉重的包袱，当你因为金钱而失去很多金钱换不到的东西时，无穷无尽的烦恼就会纷沓而至，你也会因此而得不偿失。

一个人无论多么有钱，社会地位有多高，自由选择有多大，如果他不能掌控金钱为他提供的方便，那么他就无法掌控自己的人生。一些贪官奸商的倒下，无一不是现实中活生生的警世例子。

　　现实生活中，一个深陷炒股难以自拔的人，执迷股票到了置家人于不顾的地步，即使有朋友拉他出去活动，他也是利用活动间的所有间隙用手机埋头看股票。相信下一次不会再有朋友邀他出去活动，他的朋友都会渐渐地离他远去。

　　如果你一直想着要买一辆称心的高档车，可钱总是不够，你发觉自己开始为此焦躁而日夜难安时，那么就去买一辆价格合适的车，带上家人去你们想去的地方旅行。当你感觉还有烦恼是因金钱而生时，你首先要做的就是，赶快调整自己对金钱的认识，不要深陷金钱的奴役而不能自拔。

　　做金钱的主人，关键是要戒除对金钱的占有欲，抱一种不占有的态度，这样才能将金钱看作身外之物。不管是已到手的还是将到手的，都与之拉开距离，随时可以放弃，也只有这样，才能在金钱面前保持自由的心态，做一个自由的人。凡是对过多的金钱抱占有态度的人，同时也就被金钱占有了，成了金钱的奴隶。如同古希腊哲学家彼翁在谈到一个富有的守财奴时所说："他并没有占有财富，而是财富占有了他。"

5

幸福在分享中越分越多

金钱与幸福并不完全挂钩,如果将所有的心力聚焦在金钱上,那么就会带来无尽的烦恼和失望,毕竟赚钱的过程艰难甚至痛苦,且钱越花越少。这时人们可以调整一下重心,将心力更多地聚焦到幸福的经营上,让金钱帮助你获取幸福,并和别人一起分享,那么将来你也一定会额外地分享到别人的幸福。

下面两个经典的故事,讲的就是财富分享与幸福分享:

在加拿大维多利亚岛上,著名的布查特花园和克雷格达罗克城堡,是游客肯定会参观的地方。

布查特花园由布查特夫妇水泥厂改建。20世纪初北美的工业建设大规模发展,对水泥的需求量很大,布查特夫妇看中了这个市场,于1904年来这里开办起水泥厂,水泥厂越开越大,他们获得的财富也越来越多。布查特夫人对园艺有着特别的兴趣,自己动手在自家的房前屋后种满了鲜花,以弥补四周因开采水泥而显露出的荒芜景象。采石场的水泥原料石灰石终于被开采耗尽,被开采过的地方更是寸草不生。在远处郁郁葱葱的群山映衬下,荒芜的采石场山梁和凹陷的废矿就像遭遇过一场战争的创伤,这样的景象给了布查特夫妇一种挥之不去的冲击。他们想到在此获取到的丰厚财富,突然感到那不是成功，更不是幸福。他们内心里愧疚不已，他们认为自己就是这里的掠夺者和破坏者。经过一段时间的思想斗争，他们觉得不能带走从这里获得的财富，也不能为子孙们留下这一片荒芜，他们要将属于这片山地的财富还回来，让这里的自然生机得以还原。

于是，随着一项新的工程开启，水泥厂变成了布查特花园，水泥厂的员工变成了花园的园丁。布查特夫妇倾其所有的财力，用马车从很远的地方调来肥沃的泥，走遍了世界各个地方寻找最美的鲜花。日复一日，年复一年，一座巨大的花园修建成功，并永久地对世人免费开放。一直到今天，每年都有很多来自世界各地的游客慕名而来，为的是分享布查特夫妇的幸福。

布查特花园给了游客们无数的鲜花和快乐，克雷格达罗克城堡则给了参观者们一个"幸福在哪里"的沉重启示。

克雷格达罗克城堡修建于1889年，主人是当时最富有的煤矿大王罗伯特·邓斯穆尔。罗伯特是来自苏格兰的移民，当经过半年多的旅途劳顿到达维多利亚时，已经是身无分文。罗伯特一开始是为一家煤矿公司打工，后来凭着吃苦耐劳的精神和灵活的头脑，在那家煤矿停厂关门之后，从政府那里取得了一处煤矿的开采权，接着又获得了第二处煤矿的开采权。由于他的努力和精明，在短短20年里，便由一个穷光蛋变成了北美最富有的人之一。

成为巨富的罗伯特感觉事业到了巅峰，于是又做了一个人生规划，他要很好地安享晚年，安排好所有家人的幸福生活。他最大的实力是有钱，钱多了总得要花出去，他想到了在维多利亚最美丽的

地区，造一座最壮观、最美丽的城堡。1887年，他将北美最好的设计师和建筑师都请到了维多利亚，城堡开始建造。修建城堡所需的上等石材和木材源源不断地从世界各地运来，豪华的家具用品也都从世界各地订购。修建完的城堡非常壮观，一举成为维多利亚最高的建筑，从城堡上俯瞰，整个维多利亚的美景尽收眼底。

1889年，正当罗伯特家族准备举家搬进城堡时，罗伯特却不幸去世。罗伯特的产业由大儿子继承，一大堆儿女由妻子带领搬进了城堡。罗伯特的家人搬进城堡后不久，便发生了母子为了财产反目的事，最终还闹上了法院。罗伯特的妻子18年后去世时，大儿子差一点儿没有来参加母亲的葬礼。从此，罗伯特大家庭更是变得四分五裂，女儿们全都出嫁，有个很年轻的儿子去世，整个城堡及所有的家具用品都被拍卖了出去。

克雷格达罗克城堡最先被一个叫卡梅伦的人买走，卡梅伦破产后将城堡抵押给了蒙特利尔银行。再后来，加拿大政府从银行手里买下城堡，先是用作军队医院，接着又将其建成了维多利亚学院和维多利亚音乐学院。1959年，有一个叫詹姆斯的人，他看到克雷格达罗克城堡有着很好的历史价值，便成立了克雷格达罗克城堡历史博物馆学会，并开始对已遭到严重毁坏的城堡进行保护和维修，直到现在，城堡仍在不断地维修之中。

如今的克雷格达罗克城堡，每年有7万左右的人来参观，而城堡的保护和维修就是靠着这些门票收入来维持。

克雷格达罗克城堡就像一座纪念碑，用它的经历告诉所有的参观者：财富之重，压在一个人的身上，不仅会毁掉这个人，还能压垮这个人几代最亲的人。

6

让金钱倍增幸福

有了钱，基本的生存问题解决了，自由选择的条件也增多了，这才有可能追求更多更大的幸福。然而，金钱的多少与幸福的多少没有直接关系，这个时候拥有适量金钱的人，可以不需再去挣更多的钱了，如果一味地想挣更多的钱，可能就会牺牲掉钱所买不到的情感和情趣。那么，如何用适量的金钱倍增幸福感呢？理财就是一个重要有效的方法，因为理财可以兼顾到金钱和幸福的同期增值。

俗话说："你不理财，财不理你。"江苏南通的乡镇医生孙启勤身陷几十万元的债务纠葛，在2001年，他意外地中了500万元的体育彩票大奖，成为令人羡慕不已的幸运儿。然而4年一过，由于不懂理财，乱投乱花，所有的资金消耗一空。孙启勤超出自己的能力、缺乏理性和规划的行为让来之不易的钱财灰飞烟灭。4年中，他的幸福感仅仅持续了几个月，最终再次陷进了更大的不幸中。

梁先生"工作3年买房不炒股"是个成功的案例。梁先生大学毕业后，工作3年在市区买了房，房子总价70多万，首付十几万。梁先生说："我年收入10万多点，除去正常开支，就攒够了首付。我是搞金融的，但我不炒股，只做了基金定投。投资理财肯定要以稳健为主，特别是我有了家庭之后，绝对不做高风险的金融产品。"

理财增富的第一步是要有强烈的倍增欲望，这是任何成就的起点。拿破仑·希尔就提出了用自我暗示刺激潜意识的六个明确步骤：

第一，在脑子里设想一下自己想得到多少金钱，并要说出一个准确的数字；

第二，明确自己能付出多大的努力；

第三，明确得到金钱的日期；

第四，制订一个实现梦想的计划；

第五，列一份清单，把前面四个写到里面，放在你早晚都看得见的地方。

第六，到一个不受干扰的地方，每天把这份清单读两遍。

君子爱财，取之有道。想让金钱倍增幸福，对已有的金钱施以增值管理，是最安全、最有效，也是最轻松、最值得骄傲的途径和方法。

受传统理财观念的影响，勤俭持家、精打细算、存钱吃利息等方式，至今还影响着很多中国人的理财行为。很多中国人的"经济账"，不但没有让已经拥有的钱财为自己服务，反而减少了自己的幸福指数，甚至造成了社会经济不活、社会资金流通不畅的问题，比如"存钱吃利息、多存款少消费"的陈旧理财方式。在当今市场经济的迅速发展中，人们应该尽早地明白，如果不能高效利用金钱提高生活质量，那么银行存款数额的上升也就没有什么意义。缺乏正确的理财观和理财方式，最终只会让我们成为新一代的"守财奴"，更可悲的是，在遭遇通胀经济时，已有的财富每日贬损，自己竟然毫无觉察。

这是一则流传甚广、令人震惊、令人心酸的真实的故事：

家住成都市水碾河的汤婆婆，1977年将400元存进银行，时过33年，连本带息是835.82元；其中本金400元，利息为438.18元，利息税金为2.36元。

有心人将此事公开，引得一片惊呼："贬值得好厉害啊！"

有人推算，33年前的400元，完全能在成都市郊买一所带宅基地的住房，可现在的835元想买到一块巴掌大的地方都困难。

33年前的400元，能买茅台酒50瓶，存进银行到现在，买一瓶茅台都不够。

33年前的400元，能买大米2200斤，存进银行到现在，连200斤都买不到。

33年前的400元，能买蔬菜上万斤，存进银行到现在，买几百斤蔬菜都困难。

33年前的400元，相当于一个家庭一年全部的生活费用，存进银行到现在，连本带息还不够吃顿高档的大餐。

人们惊呼，汤婆婆33年前的银行存款单是一个历史的见证，见证了银行存款33年的负利率，见证了老百姓的财富在负利率之下的蒸发史。当然，应该更客观地说，汤婆婆33年前的银行存款单，同时也见证了中国人理财观念不能与时俱进的悲哀。

有效理财是一种智慧，也是一种能力；不理财不一定会不幸福，但是理财一定会让人们活得更幸福。

让金钱倍增幸福的方式，并不仅仅是让金钱只增不减，而是一种非投资性的付出，却能获得莫大的幸福感。

身家530亿美元的盖茨和拥有460亿美元的巴菲特，发起"一半身家给你"的慈善宣言。这两个地球上最富有的人，一个承诺把

大多数财富用于创办慈善基金会；一个承诺向社会捐出99%的个人财富，只为自己留1%。据说，在他们的倡议劝说下，美国已有40位资产超过10亿的富翁或家庭承诺捐献过半财产。

猛一看，慈善需要财富，是巨富者的善行。其实不然，慈善活动有大小，但慈善本身并无大小。慈心为人，善举济世。只要心存善念，慈善公益人人可为。在美国，10%的捐款来自公司企业，5%来自大型基金会，而85%的捐款来自民众，这些捐款占了老百姓平均收入的2%。在美国，慈善早就成为一种社会习惯，成为一个普通人享受高尚幸福感的方式。

"慈善让我离幸福很近"，这是著名央视主持人白岩松说的一句话，他经常参与各种慈善活动，并担任中华慈善总会青艾工程形象大使。慈善是一种幸福的事业，而捐赠物品和金钱是最常见、最方便的形式。幸福与金钱没有直接关系，慈善幸福与金钱的多少也没有直接关系。因此，不论是身价百万的明星、企业家，还是普通的工薪一族，钱多钱少的人只要有那一份爱心，都可以做到，都可以获得人间最高尚的慈善幸福。白岩松作为"中华慈善奖"的评委，就很厌恶以捐款数额排名的慈善评奖，他认为那没有意义。天津有位骑三轮车的老人，多年来默默无闻地坚持资助数名失学孤儿读书，他这一生能拿出的钱也就十几万，比起那些几千万甚至上亿的慈善捐款，在数额上似乎微不足道，但产生的心灵震撼却远远大于那些捐款大户。

慈善是一种大爱，是付出，同时也是一种追求。人有悲欢离合，月有阴晴圆缺，此事古难全。再发达的社会，再富裕的社会，也总会有人陷入生存或健康的困境，总会有人因各种各样的原因需要帮助。金钱可以直接地保障人的基本生存，可以最方便地帮助各种困难的人，慈善捐赠的第一功效是为失去生存保障、陷入困境的人提供帮助。接受捐赠的人获得了解救，而捐赠者获得的却是更多。慈善捐赠从表面上看，是一方施与一方接受的零和局面，实际上，却是你获得物质帮助我获得精神丰收的双赢。这种双赢还导致爱心的传染，可以说，慈善捐赠完全是一种倍增幸福感的高级理财。

诚如白岩松所说，慈善就是在空无一人只面对自己时，由于做了很多帮助别人的事，你能够拥有平静的会心一笑，而不是笑给别人看。因为你自己也有收获，所以这不叫大公无私，你获得了一种幸福的平静，在这个时代，内心平静是奢侈品，它有时比黄金还珍贵得多。

Chapter 4

学会经营
自己的幸福

　　寻找幸福不如经营幸福,这句名言告诉人们,其实幸福就在每一个人的身边,不必茫然地去寻找,完全可以由自己经营出来。这句名言不仅引导着今天的人们走出各种悠久庞大的幸福论迷宫,也引出了一个新的课题:精于经营的现代人该如何经营自己的幸福。

1

以平和的心态、健康的体魄支撑幸福

我国教育家魏书生说:"埋怨环境不好,通常是我们自己不好;埋怨别人太狭隘,通常是自己不豁达;埋怨天气太恶劣,通常是我们抵抗力太弱;埋怨学生难教,通常是我们方法太少。"

美国学者拿破仑·希尔说:"人与人之间只有很小的差异,但是这种很小的差异却造成了巨大的差异!这里所说的很小的差异就是所具备的心态是积极的还是消极的,巨大的差异就是成功和失败。"

一艘前往英国的船,途中遭遇狂风暴雨,在船上的人都惊慌失措的时候,有位老太太却非常镇定地在祷告,眼神显出平和安详。狂风暴雨过后,人们纷纷向老太太表示敬佩,有人很好奇地问她:"你为什么不害怕?"老太太说:"我有两个女儿,大女儿戴安娜已经住在天堂了,小女儿玛丽亚现住在英国。刚才风浪大作的时候,我就向上帝祷告,假如我应该去天堂,我就和戴安娜在一起了;假如我还留在船上,我就去看玛丽亚。不管怎样,我都可以和我的女儿在一起,我为什么要害怕呢?"

这个故事给了人们一个启示,用积极乐观的心态面对困境,有

助于克服困难,看到希望,并能保持进取的旺盛斗志,最终会迎得生命的阳光和雨露。相反,消极的心态会使人沮丧、失望,对生活和人生充满了抱怨,为自己前进的道路蒙上重重阴影,注定会走向人生失败的泥潭。

有三个人看蜘蛛艰难地爬墙。由于墙壁潮湿,蜘蛛爬到一定的高度就会掉下来。蜘蛛一次次地向上爬,却又一次次地掉下来。

第一个人叹了一口气说:"我这一生正如这只蜘蛛,忙忙碌碌却一无所得,唉,只怪命不好。"第一个人后来就日渐消沉。

第二个人说:"这只蜘蛛真愚蠢,为什么不改道走旁边干燥的地方?我才不会像它那样愚蠢。"第二个人后来就逐渐变得更聪明。

第三个人没有说话,但他被蜘蛛屡败屡战的精神感动了。后来,他成了一个十分坚强的人。

世间万事万物,一个人可用几种眼光去看待,可以是正面的、积极的,也可以是负面的、消极的。这里所说的眼光就是心态,两种眼光两种心态。好的心态不但可以让人更好地取得成功,还能更好地享受生活,提高幸福程度。

常言道:心态决定一切。那么,心态是不是也决定幸福呢?

心态与幸福有着怎样的关联,有位学者就通过一个偶遇的事例,运用心理观察得出:心态决定幸福。某一天,学者在同学聚会上意外注意到了他的一位同学的心理突变。此前,这位同学是被公认的最成功者,他自己也因此觉得最幸福、最快乐,每每与比他穷的人谈财富时,总会显得异常兴奋。而就在这一天的同学聚会上,这个最成功者发现有人比他挣的钱多,比他的房子大时,他满脸的幸福感就立刻消失了，并且很难掩示住内心的难受。学者恍然大悟，原来幸福的秘诀就在心态上。

　　上述事例表明，金钱买不来幸福。虽然财富可以带给人幸福感，但并不代表财富越多人越幸福。比如一旦人的基本生存需要得到满足后，每一块钱的财富增加对幸福本身就不再具有任何特别意义。

　　心态表示一个人的精神状态，直接影响着人的情感情绪，影响着人的生活质量，同时也影响着幸福的指数。在如今生活压力极大的社会里生存，我们更需要有一个良好的心态来面对生活中所遇到的困难。

　　在一定程度和意义上，经营幸福就是经营心态，即善于保持和调整心态。人生不可能一帆风顺，有成功，也有失败；有开心，也有失落。如果把这些起起落落看得太重，我们就难以坦然，甚至失去欢笑。追求的过程会有痛苦也会有失落，但追求最终会给追求者带来期望中的快乐幸福。因此，拥有一颗平常心是保持良好心态的首要条件。

　　有一则西方的格言说："如果你折断了一条腿，你就应该感谢上帝没有折断你另一条腿；如果你折断了另一条腿，你就应该感谢上帝没有折断你的脖子；如果你折断了脖子，你就再没有什么可担忧的了。"这则格言说的就是知足常乐的心态，知足常乐是中国处世文化中的精髓，告诫人们，要珍惜自己现在所拥有的，并且要感受到它们给自己带来的快乐，不要盲目地和他人攀比，因为攀比不会让你获得幸福，反而会让你失去原有的幸福。

　　"命里有时终须有，命里无时莫强求。"不强求不属于自己的东西，则需要学会适时放弃。适时放弃不代表追求的停止，而是一

种更高的智慧，它会让人更加清醒地认识自己，从而成为一个真正快乐明智的人。

人生在世，人际间的摩擦、误解和恩怨在所难免，如果你心中装着仇恨，那么不仅会伤害别人，也会伤害自己；如果能放下仇恨，向对方付出一份真诚的理解和宽容，就会收获一份理解和宽容。宽容别人，就是松绑自己；宽容是一种美德，是一种最美的心态。

世界上每个人都是被上帝咬过一口的苹果，那是上帝特别喜爱它的芬芳的缘故。正所谓"金无足赤，人无完人"，每个人都会有不足的地方，如果我们能学会关注自身的优点，甚至将自身的不足转化成优点，就会有积极自信的心态。当我们用积极的心态去面对一切时，就会发现天空是格外的蓝，大地是别样的绿；就会发现自己充满着活力，人间是那么的美好，这正是积极自信的心态被广泛誉为"黄金心态"的原因所在。

世界上有很多失去身体健康的幸福天才，比如失聪的贝多芬、失语的霍金，然而讨论经营幸福其实还应该有一个必要前提，那就是经营健康。没有健康的经营，幸福经营肯定是无从谈起。没有健康终究是难言的痛苦，对于绝大多数人来说，没有身体健康的梦想只能是永远的梦想，没有身体健康的愿望只能是永远的愿望。

从前，有个年轻人老是抱怨自己命不好，每天穷愁潦倒地活着，他每天都在想：要是有那么一天突然有钱了，我就可以舒舒服服地过上幸福的日子了。

一天，有位老者路过，听到年轻人的抱怨，便停下来问他："你为什么对自己、对生活不满？要知道你已经很富有了。"

"我富有？开玩笑吧，老人家，我可是身无分文啊。"年轻人很生气地回道。

老人说："你不就是缺钱吗？那我拿一万元给你，买你的一双眼睛吧。"

年轻人没同意，他从来就没想到这档事，没了眼睛怎么看东西呢。

老人又说："舍不得眼睛啊，那么再加两万元，买你的一双手吧。"

年轻人这回急了，大叫道："我是不会拿我身上的任何东西去换钱的，多少钱都不行！"

老人这时笑起来，说："现在你明白了吧，其实你已经十分富有了，身上的东西随便拿出一样都能换成钱。所以，不要抱怨命运不公，你有健康，健康是无价之宝，多少钱也买不到，你何愁没有幸福呢。"

有学者这样描述：健康是1，生活中的其他因素，比如财富、名望、地位、家庭等都是跟在这个数字后面的若干个0，有1在前面，后面跟的0越多证明你拥有的越多；但如果1没有了，即使有再多的0聚在一起也还是0，也还是一无所有。民间的说法则直白简单：健康就是幸福。由此看来，健康是幸福的基础，这是最质朴的常识。

坐在人生幸福第一把交椅上的无疑就是健康。一个人无论多么有才能，一旦失去了健康，一切都会化为乌有。现实生活中，有很多的人不重视自身的健康，以牺牲健康为代价，拼命地去赚钱，去追求成功。但是他一旦失去了健康，他的成功和财富以及梦想就都

会失去意义。

保持身体健康,首先要做的就是加强体育锻炼,纠正不良的生活习惯,保持健康的心理,等等。

保持健康,千万别等到累时才想到休息。疲劳是一种保护性的生理反应,当我们超负荷地工作和学习,长时间地精神紧张和生活无规律时,疲劳感就会提醒我们该休息了。

保持健康或许谈不上经营,但强化和坚持必不可少。在美国,琳达·米克斯、菲利普·海特所著的《健康与幸福》被列为美国中小学生必修课本。在中国也一样,文言对联"炼炼!野蛮其体魄;修修!文雅尔神容"被选进了晋江市毓英中心小学的体育馆。

2

以丰富的知识、高尚的品格提高幸福

2012年诺贝尔文学奖得主莫言，在接受央视采访时透露了自己获奖后的心情，同时也回忆了童年的种种苦难和几十年的创作经历，而当他被追问"你幸福吗"的时候，他的回答竟然是"我不知道"。而后他又说："我现在压力很大，忧虑重重，能幸福吗？"莫言又说："我要说不幸福，那也太装了吧。刚得诺贝尔奖能说不幸福吗？"

这时肯定会有人想到，莫言这么有知识的人竟然不知道自己是否幸福，是不是证明知识与幸福无关，甚至是一些不幸之源呢？事实上，确实有很多的烦恼和痛苦都是来自思想，很多的思想都是因读书而来，因智慧的开发而来。智慧之门的洞开，让我们发现世界人生实在太繁复太纷乱，有太多的谜团、太多的冤屈、太多的苦难，这样的发现能让有知识者感到幸福吗？难怪莫言还是希望自己可以什么都不想，把一切都放下，身体健康，精神没有什么压力。

古今中外，知识从来就为世人所尊崇，英国哲学家培根以"知识就是力量"的名言受到尊崇；法国作家拉伯雷以一部经典的小说受到尊崇。拉伯雷的《巨人传》讲的就是人与知识和幸福，人对知识的追求是人全面发展的动力，真正的巨人并不是仅指身材高大，更是指智慧和力量的突出；对物质的追求固然重要，但只有对知识

的不懈追求才能真正体现人的巨大生命力。

所有尊崇知识的人,一定是心怀幸福感尊崇,不可能是满怀悲伤和痛苦地表达对知识的尊崇。那么,知识与幸福到底有多远呢?

苏格拉底素有"西方的孔子"之称,他与柏拉图、亚里士多德、哥白尼、达尔文和爱因斯坦一样,是鼓舞历代思想家的灯塔。所不同的是,他还是柏拉图的老师,是西方哲学的奠基者,是知识象征的代表。苏格拉底追求知识的最大特点,就是永远得不到满足,喜欢发问。他经常去雅典市场上发表演说,同别人谈话、讨论,并喜欢拉住一个人没完没了地发问,直到将别人的思想掏空。尽管他对他人的回答满意,但仍然感觉不满足。

为此,英国哲学家约翰·穆勒认为不满足的苏格拉底是最幸福的人,他说:不满足的苏格拉底比满足的傻瓜幸福。苏格拉底和傻瓜的区别在于,苏格拉底的灵魂是醒着的,但傻瓜的灵魂是睡着了的。灵魂生活是不满足的,灵魂要创造丰富的精神世界,所以它永不知足,要无休止地对意义展开寻求。于是,约翰·穆勒便提出了"快乐的等级说",把快乐分为高级快乐和低级快乐。关于知识与幸福的关系,穆勒有了一定的发现,可是仍然没有真正搞清楚。倒是中国的一句古话更接近知识与幸福关系的真相——知足常乐。智者的特点在于,在物质上很容易知足,却又绝不满足于物质。通常意义下,不满足是一种不快乐、不幸福,苏格拉底却以对知识追求的不满足而感到快乐幸福。因而,苏格拉底式的幸福并不能解决知识与幸福的关系。

其实,早在19世纪初叶,法国空想社会主义者、哲学家圣西门就指出了物质和精神两个层面幸福指数的概念。圣西门的物质层面上是指,人们生活在吃得好、穿得美、住得好、能够随意旅游、到处可以得到生活必需品和生活上美好东西的国家里。精神层面上是指，很高的智力发展水平，很强的美术鉴赏能力，丰富的关于自然规律和自然现象变化方式的知识，普遍的人与人彼此善意相待的态度，他认为这样的幸福是最美的。

圣西门的"两个层面幸福指数说"，为解释知识与幸福的关系指明了道路，可是在很多的情况下对知识与幸福的关联并不需要过度的诠释，比如莫言对是否幸福所做出的"不知道"的回答，知识与幸福确实是既简单又一言难尽的关系。

作家储安平在《幸福》一文中写道："知识和欲望成正比，和幸福成反比。如知识为零，幸福就无限大。"这话看似极端叛逆，但是也容易理解，一个文盲月夜独步林间，无论心情多好，也绝不会想到用"深林人不知，明月来相照"来抒发心意，大概只会说："真好，真好。"而一个饱学之人，在优秀的作品里神游，展开想象的翅膀，与各类思想、情感相会碰撞，其中的快乐岂是文盲所能得到的？

储安平看似无理的文字，其真意并不难看出，有个无名读者评说道：无益的或没有创造性的知识和幸福无关，反之，知识的幸福是巨大的。这位读者竟然建议作家将原话改成："创造和独立思考成正比，和随波逐流成反比。如创造无限大，幸福就无限大。"这当然没有必要，幸福是感受出来的，而不是指示出来的。

总之，我们还得相信"知识是人类进步的阶梯"，知识决定人类的文明程度。自然科学知识是创造人类物质财富的本钱。科技的进步可给人类提供最高端最丰富的便利与享受。至于人文知识、社会科学知识，它能提高人们的鉴赏能力，提供精神消遣与享受。虽然它会给人们带来永远解决不了的烦恼，甚至还有永不安于现状的

痛苦，但它永远是一味不可缺少的清醒剂、启蒙药，告诉人们每个人都有自己的尊严和权利。这样，一个充满着知识光芒的人类社会才能向着更和谐的道路发展，最终目的还是让每个人都能幸福地生活。

3
以成功的事业、适量的财富筑牢幸福

由于对幸福的认知不一，成功的事业与幸福的关系也必然会出现一些不一样的看法。

有人会认为事业成功与幸福没有关系，成功的人不一定幸福，幸福的人不一定成功。比如，武则天成功地做了皇帝，但也为此杀了很多人，甚至杀掉了自己的两个儿子和一个女儿，她坐到皇位上时，内心会舒坦、会感觉很幸福吗？

有人会认为成功与幸福有着直接的关系，成功的人更幸福，不成功的人一般不幸福。就算举个表面上看于己不利的例子，这个观点也能成立。马克思一生贫穷，还不得不流亡异国他乡，但是他按照自己的想法去生活，按照自己的理想去奋斗，最终使得自己的理论影响和改变了世界，他会认为自己不幸福吗？

事业成功与幸福没有必然的联系，如有的人生活很幸福，但事业上却并不成功；有的人事业很成功，但并没有获得幸福，有时甚至丢失了原有的幸福。

虽然说事业成功与幸福没有必然联系，但两者还是有一定的关联性。对多数人特别是事业心较强的人而言，事业的成功与幸福之间有着密切的关联性。例如，竞赛场和考场上的成功者，他们在胜出的那一刻起会感到无比的幸福，那种幸福感可能久久不会褪去，

甚至影响终生。

人应该拥有适量的财富,似乎没有人对此有异议,这是因为适量的财富太寻常,似乎还触及不到让人敏感的幸福与否的问题。而有没有财富则会引发大的甚至很极端的争议,这种争议爆发的起因,就是财富的有无直接关系到幸福与否。

有些人理所当然地认为财富是幸福之源。没有钱的生活哪有幸福可言?要么死亡,要么变成乞丐。持财富幸福论观点的人,并没有多少理论上的理由,"贫贱夫妻百事哀",是他们常用的很现实的说辞,因而绝不承认现实中也有"贫贱夫妻更恩爱"的事实。在现实中以行动表达财富幸福论的人有很多,但非常极端的人也不少,他们一边非法获取金钱,一边嘴上说着假话。

对此有些人持相反观点,认为财富与幸福没有关联,幸福只是一种心态,只要家庭和睦,知足常乐,不需要有太多的财富,平平淡淡的日子就是幸福。他们的说辞也很简单,金钱不能买到一切,买不来真正的爱情、真正的友谊,买不来健康和长寿。更有极端者认为,金钱是万恶之源。

幸福是人类生存最高的目的,是人类终极价值的体现。财富是实现幸福的重要手段,二者的关系本应是相互依存的,而在当今财富日益增长的情况下,人们的幸福感却没有同步增加,有时甚至出现了相悖现象。如何正确看待财富与幸福的关系,就成了促进二者和谐发展的重要途径。

美国心理学家马斯洛在1943年出版的《人类激励理论》一书中,首次提出需求层次理论,认为人是有欲望的动物,为满足某种特定的需求,便产生了特定的行为动机。马斯洛的需求层次理论把人类多种多样的需求归纳为五种基本需求:

（1）生理需求：生理上的需要是人们最原始、最基本的需要，如空气、水、吃饭、穿衣、性欲、住宅、医疗等。若得不到满足，则有生命危险。这就是说，它是最强烈的不可避免的最底层需要，同时也是推动人们行动的强大动力。

（2）安全需求：安全的需要包括劳动安全、职业安全、生活稳定、希望免于灾难、希望未来有保障等。安全需要比生理需要较高一级，当生理需要得到满足以后就要保障这种需要。每一个在现实中生活的人，都会产生安全感的欲望、自由的欲望、防御实力的欲望。

（3）社交需求：社交的需要也叫归属与爱的需要，是指个人渴望得到家庭、团体、朋友、同事的关怀爱护理解，是对友情、信任、温暖、爱情的需要。社交的需要比生理和安全需要更细微、更难捉摸。它与个人性格、经历、生活区域、民族、生活习惯、宗教信仰等都有关系，这种需要是难以察悟，无法度量的。

（4）尊重需求：尊重的需要可分为自尊、他尊和权力欲三类，包括自我尊重、自我评价以及尊重别人。尊重的需要很少能够得到完全的满足，但基本上的满足就可产生推动力。

（5）自我实现需求：自我实现的需要是人类最高等级的需要。满足这种需要就要求完成与自己能力相称的工作，充分地发挥自己的潜在能力，成为自己所期望的人物。这是一种创造的需要。有自我实现需要的人，似乎在竭尽所能使自己趋于完美。自我实现意味着充分地、活跃地、忘我地、集中全力全神贯注地体验生活。

这五类需求依次提高，并且只有满足了低层次的需求，才能逐渐实现高层次的需求，如图所示：

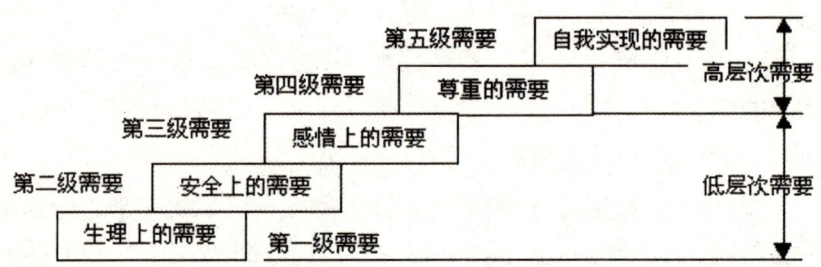

马斯洛的需求分类为幸福与适量的财富关系提供了理论支撑。由此可知，需求的满足程度与幸福是有关系的，人的幸福总是在追求需求满足的过程当中。在这些需求里面，财富是居于较底层的，也就是说，并非财富越多越幸福；但是，如果没有适量的财富为基础，幸福就难以保证，而较高一级的幸福更无法获取。

4

以甜蜜的爱情、美满的婚姻升华幸福

人的一生最重要的两件事，一个是事业的发展，另一个是家庭、婚姻的幸福。如果想要拥有一个完美的人生，事业要奋斗，家庭、婚姻也需要好好地经营。

诺贝尔文学奖得主萧伯纳说："在此时此刻的地球上，约有两万个人适合当你的人生伴侣，就看你先遇到哪一个，如果在第二个理想伴侣出现之前，你已经跟前一个人发展出相知相惜、互相信赖的深层关系，那后者就会变成你的好朋友，但是若你跟前一个人没有培养出深层关系，感情就容易动摇、变心，直到你与这些理想伴侣候选人的其中一位拥有稳固的深情，才是幸福的开始，漂泊的结束。"

"海滨有逐臭之夫"说的是，打渔的即使身上非常臭，但是也会被人喜欢，也会被人追求。在现实生活中，每一个男人都是亚当，每一个女人都是夏娃，每一个人都会有适合的对象与之相处，都会有一段美丽浪漫的爱情。

大多数人会以为，得到了爱的人就拥有了爱情，却没想到，当爱人真的出现后，爱情却也会有消失的时候。爱情就像一杯可口的饮料，刚入口的时候是那么新鲜美味，而放置的时间长了，如果不去经营，它就会变质，变质的气味会引起双方怀疑彼此间的真情。

　　因为性格、文化、思想等因素的差异，每个人经营爱情的方式方法都有不同，同样的方法在 A 身上有效，而在 B 身上可能会起反作用。爱情的失败无一不是经营的失败，有个很实在的男孩，他在情人节时送了女朋友 99 朵假玫瑰花。女朋友问他为什么这样，他很老实地说："这多实在，明年情人节还能用。"女朋友转身而去，只说了一句："我只想要一朵真实的鲜花，那些假的留着给别人吧。"

　　恋爱需要投入，恋爱也需要浪漫，爱情更需要经营。因为爱情经营的失败，现实中总是会有人失去爱情，也有人始终找不到爱情。那位给女朋友送假玫瑰花的男孩，他犯的错误首先是还没做到用心地去了解女孩；其次是他在经营爱情时更多想到的是自己，在那个时候他已经将自己的功利心掺了进来。情人节的礼物可有可无，既然是花，女孩愿意接受，但她肯定是想得到最浪漫的一朵，而 99 朵假花则是对她的羞辱。

　　善于经营爱情的人，一定会把对方的感受放在第一位，但在爱情经营中，过度的用心也不行，要相信和尊重对方，给对方一定的独立空间和距离。有个女孩不知道自己对男友的关爱已经到了管束的程度，男友冷淡回避她的情况也时有出现，她能感觉到男友心理和情态的变化，但始终不知道是什么原因。尽管两人相恋了很久，感情很深，但她还是害怕会失去男友，于是果断选择了提前结婚。即将出嫁前，女孩对妈妈说出了自己的担心和苦恼。妈妈很了解自己的女儿，没说什么大道理，只是从地上捧起一捧沙子。沙子在手里满满地堆成小山状，妈妈忽快忽慢地将手掌握起，沙子从每个指间忽快忽慢地洒落下来，直到最后所剩无几。这时妈妈才说："爱情，当你紧紧地抓握它时，它就会跑得很快，幸福也会随之溜走，就像这些沙子一样，懂了吗？"

婚姻是天作之合，是在平等基础上建立起来的爱情和亲情的综合体，是彼此的幸福港湾。

爱情和婚姻有着一定的联系，一个是前奏，一个是结果。爱情是花期，绚丽而浪漫；婚姻是果期，是实实在在的生活。爱情是两个人的事，而婚姻不仅是一个家庭的事，有时甚至是两个家族的事，不再单纯，不再单一。从爱情的仙境进入凡世，实实在在的生活就得和柴米油盐打交道，就会被理不清、理不完的家庭琐事所困扰。一个经营得当的婚姻是一个幸福的港湾，而一个经营不善的婚姻则是一个杂乱的船坞。

男人为女人而婚，女人为自己而嫁。婚姻的本质在于两人相爱、精彩地生活并延续自己的生命。然而现实中的婚姻，危机随时可见、破裂随处都有，曾经相爱的人舍家而去、劳燕分飞。在迅猛发展的当今社会，婚姻变化也出现了快节奏，结得快，离得更快。这可能跟压力过大或自由独立意识提高等种种原因有关，但在传统的婚姻文化道德观作用渐失的时候，婚姻危机愈演愈烈，一个重要的原因是缺乏婚姻的经营。

有人说婚姻是爱情的坟墓，这句话误导了无数的人视婚姻为畏途，将婚姻当作爱情的结束，最终遗忘了最初的情义。夫妻在一起的时间久了，不可避免地会出现一些摩擦，其实这也未必是件坏事。婚姻就像一道菜，一种口味时间长了难免会乏味，所以就需要变换佐料，生出各种可口的滋味。这就是婚姻的经营，任何婚姻都需要经营。诚如日本作家志贺直哉所说："要点燃夫妻生活，单靠一根蜡烛是远远不够的，必须在最初的蜡烛将熄灭之时，再点燃另一根，将爱遗传下去。"

婚姻需要经营,男人和女人都是经营者,只要用心经营,在任何细小的动作上都会出现最大的甜蜜美满的效果。男人不要因为忙而拒绝女人的浪漫情趣,要记住属于女人的每一个特殊日子,抽时间陪她购物散步,每隔一段时间有计划地带她出去做一次旅行。在男人出差回家之前,女人不妨给自己换个发型、做一次美容,变换一下家里的摆设,换一套新的床上用品,甚至可以给自己买一套性感而优质的内衣。

如何维持婚姻的美满幸福,是一门学问,也是一门艺术。夫妻之间的相处有一定的技巧,除了经常给爱情输送养分,还要学会信任与理解,彼此之间保留一定的个人空间。恋爱时更多的是需要理解,而结婚后更多的是需要宽容。汤马斯说:"结婚前要睁大眼仔细瞧,结婚后就要睁只眼闭只眼了。"忍耐是婚姻的润滑剂,即便对方做错了事,也要学会选择适当的时机和轻言细语来说服。丈夫不能忘自己的责任,妻子不能忘自己的本分。学会了做对方的伴侣爱人,还得学会做对方的知己和情人。有信任才会有自信,不要彼此管束太多,也不要彼此追问太多。

抵制外界所有对婚姻生活的错误认识,不要以为婚姻只是居家过日子,要永葆爱心,储存感情。恋爱需要浪漫,婚姻更需要在平凡中点缀。将抵达婚姻殿堂前的那些炽热的话语、亲密的语言、相互的神秘保留下来,不需要再多,只需时时重温。

不要心存私念。私念将导致婚姻走向解体,生活中的自私和贪婪是美满婚姻的天敌。任何一个婚姻都是两个人的合体,只有想着对方,这个合体才能越来越牢固。

"执子之手,与子偕老。"我快乐是因为我懂得知足,我幸福是因为我懂得被别人感动,从而去感激别人。夫妻之间更是如此,彼此要懂得感恩对方，男人为女人撑起的是一片晴朗的天空，女人给男人建造的是一个温暖舒适的家。美满的婚姻只会属于善于经营和共同经营的男女。

5

以良好的人缘、愉快的人际拓展幸福

一个人离开家后,就进入了社会人际关系中,要想事事顺利,心情舒畅,首先就得懂得处理好人际关系,也就是要获得很好的人缘。好人缘完全可以通过人际关系的经营获得。

人际之间难免矛盾重重,若以小肚鸡肠之量对待,势必每天都会有"冤家路窄""狭路相逢"的遭际出现。古人言,"冤家宜解不宜结""相逢一笑泯恩仇",这种方法无疑是人际关系经营中最值得称道最令人钦佩的。

做厚道之人,不苛刻待人,不使小心眼;在别人取得成功时,不眼红、不嫉妒;当别人有了问题时,不幸灾乐祸,不落井下石,更不给人"穿小鞋"。

做有人情味的人,关心别人、尊重别人、理解别人;减少"火药味",增加人情味。

诚实是做人的第一美德,光明磊落,襟怀坦荡,再有一些侠骨柔肠,便会使人如沐春风,获得很好的人缘。

不仅人缘好,还要靠近"好人缘"。所谓"近朱者赤,近墨者黑",交朋友要选择好人缘的人。好人缘的人会给你带来意想不到的好处,这是因为他的朋友肯定优秀,也肯定不少,他的朋友自然也会成为你的朋友。

学会与不同性格的人打交道。没有人知道，自己的一生将会和多少人打交道，每个人性格各异，自然都与自己有着不同之处；并且令人不顺眼的、看不惯的、讨人嫌的人一定都有。那么，该如何与不同性格的人相处呢？

（1）学会慎处危机。

由于每个人的性格和禀性不同，尤其是在家庭之外，互相看不顺眼的人随时会遇见，矛盾和冲突很容易发生。作为一个很理性很平和的人，遇到这类问题和矛盾时，他一定会保持理智，运用自己所掌握的为人处世技巧去化解。冲动不仅不能解决问题，反而会使问题变得更糟，于人于己都不利，就像这两只乌鸦的故事：两只乌鸦在树上对骂，而且越骂越凶，一只乌鸦忍不住，随手捡起一样东西向另一只乌鸦扔去，当时，扔东西的乌鸦怎么也没想到，它扔出去的会是自己尚未孵化的蛋。

（2）学会求大同，存小异。

性格不同的人，处理问题的方式往往不同，我们要学会在不同之中发现相同之处。郑板桥有一句名言，"难得糊涂"，这句话的核心内容就是小事糊涂，大事明白，糊涂里包含着极大的聪明和智慧。多看别人和自己之间的共同点，就容易与不同性格的人相处。不能因一点一滴的小事，而影响重大事务的进程。有些不同之处就像小的石头一样，我们需要绕过那些小的绊脚石，避小就大，在非重大问题上能忍则忍，能让则让。多取别人之长，少论别人之短，而在别人小的毛病上要"难得糊涂"。

（3）学会全面地了解别人。

在人际交往中，几乎所有人都有这样的体验：由于彼此的不了解，彼此间在感觉上有着很大的距离。一个人性格的形成，往往

跟他生活的背景、家庭的环境、所受的教育和经历有关。在认识一个人的时候,要通过真诚平等的交流,尽可能多地了解他的各种情况,同时也让对方尽可能多地了解自己。有了这种增进互相信任的过程,就有可能成功地多交一个朋友。

(4)多发现别人的优点,取人之长补己之短。

在人际交往中,由于每个人的性格和禀性不同,每个人的长处和短处都会通过别人折射出来,而别人的长短处通过观察更容易看出。发现了别人的短处,要以包容相待,在合适的时机也可以诚意地指出来,真诚的帮助总会获得真心的感激。当听到别人的批评指正时,则要胸怀宽,气量大;视别人的批评和指正为善意的帮助,虚心接受,真诚感谢。和睦相处,经常走动,通过相互走动加深情感,随时注意发现和吸取别人的长处与优点。

(5)助人为乐,愉快倍增。

无论是什么性格、什么类型的人,都是需要关怀和帮助的,尤其是身处困境中的人,他会将一些微不足道的帮助看成是雪中之炭,视帮助者为真正的朋友、最好的朋友。所以,不要失去任何可以帮助别人的机会。帮助别人不一定是物质上的帮助,也可以是简单的举手之劳或关心的话语,都能让别人产生久久的感动。如果能做到帮助曾经伤害过自己的人,不但能显示你的博大胸怀,而且还能"化敌为友",使自己的人际环境更加轻松、愉快。

拥有一个良好的人际关系对每个人来说都非常重要,正如梅达尔·波士说过:"请记住,你的生存状态完全取决于你的人际关系。"

一个良好的人际关系,可以让你比周围的人更早地得到有价值的信息,让你能够领先一步抓住你想要的机会。

一个良好的人际关系，能够提升你成事的力度，因为每个人的成功几乎都离不开某些人甚至某个人的支持和帮助。所以说"关系"是一个人的成事之本，其实这在现实中并不难发现。当一个人能够很神秘地把一件事情办成时，你也就知道了，他肯定在某个地方有关系，而且这个关系的强度足够大。

一个良好的人际关系，能够拓展你做事的宽广度。一个人能否做成某一件事与关系的"强度"有关，而你能做什么事，在什么范围内做事，这就与你的关系的"规模"有关了。有些人的影响力仅限于周边少数人，有些人的影响力可以大得让你无法估量，这样的人能够让你在更大的范围内取得成功。

营造一个良好的人际关系，实际上也是每一个人的心理需求。人是具有社会性的，从心理上讲，不管身份高低，不论男女老幼，每个人都希望自己受人欢迎，希望得到别人对自己的肯定。一个人可能一时不在乎别人是否喜欢他，但是他不可能所有的时候都不在乎。每个人都有对人际关系的心理需求，但在现实中，原本很自然单纯的需求意识丧失了，很多人对人际关系的认识出现了两种误解：一是对人际关系抱着无所谓的态度，二是在人际关系中过分讲究谋略。

一个良好的人际关系，不是现成的为你所有的，而是需要靠你自己营造出来，这就需要你遵守以下原则：

（1）真诚原则。以真诚换真诚，真诚具有天然的信任和安全感，可以减少别人的防范和敌意。真诚是打开心灵的第一把钥匙，能让别人心甘情愿、十分愉快地向你坦露自己。

（2）主动原则。人际之间，主动的人往往令人产生好感，受欢迎度有时胜过腰缠万金。主动对人示好，主动表达善意，让对方产生受重视的感觉。

（3）交互原则。人际间的善意和恶意都是相对相互的，一般情况下，真诚换真诚，敌意招敌意。因此，既然选择了与谁交往，一定要有一个善意良好的动机。

（4）平等原则。好的人际关系会让人产生自由舒畅的感觉，而如果出现一方受到另一方的限制，或者一方行事需要看另一方的脸色，自由舒畅的感觉不仅会荡然无存，还会产生令人极度不舒服的敌意。

6

以博大的胸怀、圣洁的内心收藏幸福

不同的人对幸福有着不同的理解,而同一个人在不同的环境、不同的阶段,对幸福的理解也会不同,这就是心态的作用。在不同环境中的人,如果都能静下心来,倾听自己内心的声音,在感到心灵深处的充盈和满足时,所有的人都会有一个同样的感觉,那么生活处处皆有幸福。

某一天,天堂里开了一个讨论会,讨论如何将幸福隐藏起来不易让人发觉。上帝问一群天使:"我希望人类在付出一番努力之后才能找到它,我们把它藏在什么地方好呢?"

一个天使抢先回道:"把它藏到高山上,人类不经过努力攀登就很难发现。"

第二个天使顺口说:"把它藏到大海深处也一样。"

第三个天使见上帝摇头,便说了自己不同的想法:"依我看,把幸福藏进人类的心中最难让他们发现,因为他们总是向外寻找自己想要的东西,而从来不去想自己内心的东西。"

上帝对这个想法非常满意,于是,幸福就被上帝藏进了人类的心中。

你为什么勤劳而**不幸福**

1924年，英国哲学家罗素来到中国四川，赤日炎炎的峨眉山，罗素坐着由两人抬着的竹轿上山。罗素见轿夫一路汗如雨下，很快就没有观赏风景的心情了。罗素在一个休息处下了轿子，他观察轿夫们，令他感到奇怪的是他们有说有笑，丝毫没有对自己的工作有什么不满。之后，罗素在《中国人的性格》一文中讲到了这件事，提出了一个著名的人生幸福认识论：用自以为是的眼光看待别人的幸福是错误的。对于抬轿子的人而言，除了他们自己，没有人能够判断他们是否幸福，幸福只能自己体会，如果内心得到了满足和快乐，那就是幸福。

幸福是极其感性的，充满着迷人的魅力。幸福不要求世间万物的丰富多彩，甚至世间万物越简单幸福给人的感觉越浓厚。一个人不必对任何事太用心，只要觉得自己尽了心、尽了力就够了。坦然接受一切事物的自然结果，对任何事都不要强求，所谓知足常乐，幸福其实本来就是这么简单。

从前，一只小鸟觉得自己的生活很不幸福，于是决定去外面的世界寻找幸福。小鸟满世界地寻找幸福，有一天，它正在休息时，突然看到身边有一朵快要枯萎的无名小花。小花热情满面地欢迎小鸟的到来，显得非常开心。小鸟迷惑不解地问小花："你都快死了，为什么还这样开心啊？"小花说："我当然很开心，因为我的梦想就要实现了。"小鸟接着问："你有什么梦想呢？"小花回道："我很开心地度过了花期，终于可以结出甜美的果实了。"

小鸟不甚明白，便离开了小花，继续自己寻找幸福的行程。途中它又遇到一只瘸腿的鸭子，鸭子正一瘸一拐地边走边哼着歌，样子显得十分滑稽。小鸟这次更是大感不解，它认真地问鸭子："命运对你如此不公，为什么你还有这么好的心情唱歌？"鸭子说："我看到一只小鸭子摔倒了。"小鸟说："原来你是个幸灾乐祸的鸭子啊！"鸭子反驳道："当然不是，我开心的是我帮那只小鸭子站了起来。"

小鸟有些明白了，幸福是自己感觉出来的，你认为小花和瘸腿鸭子不幸时，正相反，它们以为自己非常幸福。小鸟正在思考这个问题时，又看到一只蜘蛛艰难地攀爬一面滑溜溜的墙。小鸟见蜘蛛一次次地摔下又一次次地继续攀爬，说："你这是何苦呢，你不觉得一次次的失败很痛苦吗？"蜘蛛说："我很开心啊，只要我不放弃，总是有希望爬上去的，你没看到我一次比一次爬得高吗？"

小鸟终于大悟，幸福就是自己心中的感觉，也是心中的一种信念，它不在外边，也不在远方，就在自己的心里。小鸟决定不再去远方寻找幸福了，心里揣着幸福飞向自己的家。

在世界著名高等学府哈佛大学，排名第一的课程，是泰勒·本·沙哈尔教授的幸福课。泰勒教授自己也曾为幸福到哪寻找而苦恼过，他在颠覆自己以往的胜利带来幸福的观念后，就陷入了很长一段时间的迷茫。泰勒教授开始在各种书籍上寻找，从哲学、历史、社会学、人类学、心理学，一直找到身边那些看似幸福的朋友身上，最终还是找到了自己的幸福。有没有幸福？聆听过自己的内心就明白了。

人们总是四处寻找幸福，总以为幸福的源头在自己之外，殊不知，如果是自己不愿意幸福，幸福是无处可寻，也无人可给的。

有一次，柏拉图问老师苏格拉底："什么是幸福？"苏格拉

你为什么勤劳而**不幸福**

底说:"你去田野的另一头摘一朵最漂亮的花来,但是你不能走回头路,而且你只能摘一次。"柏拉图去了许久回来,摘了一朵比较漂亮的花。苏格拉底问:"这就是最漂亮的一朵吗?"柏拉图说:"我看到它时,认定了它是最漂亮的,于是就摘下了它。随后,我确实又看到了很多漂亮的,但我坚持我手中的这朵最漂亮,所以我把它带回来了。"苏格拉底满意地说:"对,这就是幸福。"

又有一天,柏拉图问苏格拉底:"什么是生活?"苏格拉底又叫他去树林走一次,这次可以来回走,但仍然需要在途中摘取一朵最漂亮的花。柏拉图有了前一次的经验,很自信地去了树林,可是过了三天三夜,也没见他回来。最后苏格拉底自己跑到树林去找柏拉图,发现柏拉图竟然在树林里安营扎寨,并没有要离开树林的意思。苏格拉底问:"你找到最漂亮的花了吗?"柏拉图指着旁边的一朵花说:"就是它!"苏格拉底又问:"那你为什么不把它摘下来,竟然还住下不走了?"柏拉图说:"我如果摘下它,它会很快枯萎死去;当然,即使我不摘,它也会有那一天。所以,我就在它盛开的时候,住在它旁边,等它凋谢了,再去找下一朵。这已是我找到的第二朵最漂亮的花了。"苏格拉底说:"对,你已经知道生活是什么了。"

Chapter 5

怎样塑造
幸福的自我

心理学家表示：幸福离人们并不遥远，它就在人们的身边，却因为人们身上的种种缺点而被挤到了角落里。比如，一些人因为太过执着于得不到和已失去的事物而忽略了目前所拥有的幸福；一些人因为自己膨胀的欲望而生活在永不满足的怪圈中，从而导致自己的幸福感下降；一些人因为自己的自私而无法体会到幸福；一些人因为太过苛求完美，结果导致自己陷入痛苦之中无法自拔；还有一些人因为自己的悲观、抱怨而无法拥有幸福；等等。人们要想塑造一个幸福的自我，那么就必须改变自己身上的种种缺点或者不足，只有这样才能寻找到幸福。

1
别让你的执着影响了你的幸福感

很多时候，人们对于自己拥有的东西选择视而不见，却过分地执着于自己得不到或者已经失去的东西。其实，人生中最美好、最珍贵的不是已失去和得不到，而是人们眼下所拥有的东西。现在有不少人就是因为不懂得珍惜自己所拥有的东西，总是执着于自己得不到和已失去的东西，等到自己手中拥有的东西失去后才懊悔不已，从而与幸福擦肩而过。所以，人们要学会珍惜眼下拥有的东西，不要过分地执着于自己得不到和已失去的东西，最终才能与幸福牵手。

在很久以前，有一座灵光寺，寺内香火十分旺盛，每天都有很多香客前来礼佛。据说，每天都能够沾受佛光香火，天地间的万物生灵都会生出佛根而具有灵性。

传说有一只壁虎在灵光寺内的大殿里安了家，日日受到佛光普照以及香火的熏染，终于在五百年后成为一只有灵性的壁虎。一天，佛祖巡游到灵光寺，看到伏在殿内圆柱上的壁虎，佛祖便问道："小壁虎，你已经在此修炼了五百年，日日都会见到前来向佛祖许愿的香客，那你知道这人世间最珍贵的是什么吗？"

壁虎想了想，回答道："佛祖，我想应该是得不到或是已经失

去的东西,这些是世间最为珍贵的。"

佛祖摇摇头,飘然而去。

又过了五百年,佛祖再次来到灵光寺,见那只壁虎还伏在那里,就又问:"壁虎,五百年前我问你的那个问题,如今你有没有什么新的答案啊?"壁虎想了想,还是像五百年前那样回答了佛祖。佛祖听罢,再次摇摇头走了。

又一个五百年后的一天,外面突然起了风,一滴甘露被吹到了柱子下面,壁虎正要爬下去吸那滴甘露,却不料又是一阵大风,甘露一下子不见了。壁虎正在惆怅之际,佛祖来了。见到壁虎的样子,佛祖又问起了那个一千年前的老问题。想想刚才的那滴甘露,壁虎坚定地说:"我觉得最珍贵的依然是得不到和已经失去的。"佛祖叹息一声:"既然如此,你就到人世间去走一回吧。"说着佛祖朝它一挥手,壁虎就不见了。

那只壁虎投胎转世到了一户官宦人家做了小姐,被父母取名为"碧儿"。一转眼就是十六年后了,碧儿出落得亭亭玉立,楚楚动人。一天,皇帝在御花园摆酒为新科状元庆贺,来了很多王公大臣家的千金小姐,其中就有碧儿和皇帝最为疼爱的长风公主。面对眼前这位状元及第的青年才俊甘露,碧儿知道这是佛祖为她的姻缘而特意安排的。可是,几天后皇帝下诏,令新科状元甘露与长风公主即刻完婚,而碧儿却被许配给了太子。这个消息简直是出乎碧儿的意料,她一直以为皇帝会把自己许配给新科状元的,没想到却把她许给了那个岁数比自己大很多的太子。一时心里气不过,于是她开始抱怨佛祖,并以绝食的方式来对抗圣旨,所以没多久她的身体就垮了下来。

当碧儿奄奄一息的时候,佛祖忽然出现在她面前,碧儿不解地问佛祖："佛祖，我知道这一切都是你安排的，但是我不明白，你为什么要这样安排？"佛祖答道："小壁虎，我之所以如此安排，是由于那位新科状元其实就是你当年看到的那滴甘露，而那个公主就是将甘露吹到灵光寺的柱子上后来又把它吹跑的风。这就是前世种下的因在今世所得到的果。所以，他对你来说，只不过就是一股与你擦肩而过的风而已。"

碧儿似有所悟，她接着又问："那个太子呢，我跟他又有什么因果关系呢？"

佛祖笑道："太子原是当年灵光寺院里那株石榴树，每到夏天你都会去那里捕蚊子吃，石榴树心里对你充满了感激，他因此爱上了你，可是他守望了你一千五百年，在心里默默暗恋了你一千五百年，而你却从来没有正眼看过人家，我念其诚，所以才有了如此的安排。"

碧儿思忖良久，终于悟出了其中的道理。

佛祖看看碧儿，继续说："小壁虎，我来问你，这世上最珍贵的东西到底是什么？"

碧儿望着佛祖，忽然心有所动："佛祖，我明白了，这世上最珍贵的不是得不到与已失去的东西，而是此刻所拥有的幸福。"

说罢，碧儿一眨眼，佛祖就消失不见了，而她一身的病也全都好了。

故事中的壁虎就是因为过分地执着于自己得不到和已失去的东西，所以才会在长达一千五百年的时间里始终感觉自己不幸福，才在佛祖每一次光临的时候向佛祖抱怨，尽管一次又一次地得到佛祖的指点，但依然不明白，直到转世为人之后才经由佛祖的点拨，最

终恍然大悟，明白一切。正是由于自己一直以来都太过执着于那些得不到的所谓的幸福，才使得它在一千五百年来的生活中都没有正视过自己身边的石榴树，从而错过了那些身边的被自己一直忽视的幸福。

在很多时候，我们都会像故事中的小壁虎一样，对那些得不到的人或事耿耿于怀，总是错误地认为那些得不到的东西才是最好的，并为此内心充满了抱怨，殊不知，得不到的东西往往都如镜花水月、空中楼阁，你因为不曾得到所以才会觉得它们美丽。而事实上，只有那些生活在你身边的人或事，才能给你带来人生最大的幸福，只是因为那些生活在你身边的或是被你拥有的东西对于你来说都太过熟悉了，所以你才会轻视。因此，想要生活得幸福，就要去掉执着之心，以一颗平常心去面对那些失去的或是得不到的，那么，你就会成为世界上最幸福的人。

2 别让你的欲望赶走了你的幸福感

随着社会的发展与进步，人们的物质生活越来越丰富，生活水平也得到了大幅度提高，不用再像以前那样勒紧裤腰带过日子，而是衣食不缺，甚至还可以想玩什么就玩什么。但是，在吃饱穿暖之后，人们的心灵却越加空虚，幸福指数也在大幅下降。

心理学家认为，物质生活水平的提高，财富的增加，并不能使人们感到幸福，因为这些不是幸福之源，幸福是由心造的。当你内心觉得满足的时候，即使你没有很多的财富，你同样会感觉到幸福。但是，当你内心觉得空虚，不知满足的时候，即使给你金山、银山，你同样也不会感觉到幸福。所以，人们若想得到幸福，首先要让自己的内心学会满足，控制住自己过度的欲望，只有这样，你才能体会到生命中简单而美好的幸福。

幸福是靠人们的心灵去感受的，如果一个人整天忙于赚钱，却不懂得感受生活中的美好，那么，即使这个人拥有再多的财富，那么幸福也会与他擦肩而过。而一个人如果懂得满足，懂得欣赏生活中的美好，那么即使他没有太多的财富，也能够感受到生活中的幸福。所以说幸福不是由物质来决定的，而是源于人们的内心，只要人们内心懂得满足，不被欲望所控制，那么这个人就能够与幸福并肩同行。

你为什么勤劳而**不幸福**

一个小和尚惊慌失措地从森林中跑了出来,正好撞上了平日里熟识的两个人。他们看到小和尚惊慌的样子,连忙问:"出什么乱子了,怎么这样慌张?"小和尚喘着气说:"太恐怖了,我在森林中的一棵树旁挖到了很多金子!"

这两个人听后十分纳闷,各自在心里嘀咕:"傻和尚,这是多么好的事儿啊,真是在寺庙里敲钟敲傻了!"接着,他们问小和尚:"你看到的那些可怕的东西在哪里呢?你告诉我们,我们替你处理掉!"小和尚睁大眼睛说:"这么可怕的东西,你们还敢去,难道你们真的不怕吗?它会吃人的!""当然不怕!你尽管说在哪里吧。"小和尚指着远方的一棵树说:"就在里边最靠右的那棵树下。"还没等小和尚说完,这两个人就向小和尚所指的方向跑了过去,果然在一棵树下发现了很多金子。"这和尚真是个呆子,居然把金子说成是吃人的东西,难道他不明白这些金子能换来荣华富贵吗?"两个人哈哈大笑起来。

两个人将金子掏出来后,就开始商量怎么运回去。其中一个人说:"这些金子太多了,白天运回的话太引人注意了,不安全,还是夜里运回去比较稳妥。而且这么多金子,我们也不可能就这么抱回去,不如我在这里看守,你先回去拿几个口袋来,这样我们就可以在夜里将它们背回去了。"另一个人觉得他说得很有道理,就连忙回去找口袋了。留下的那个人看着一大堆耀眼的金子,心想:"如果这些金子全都归我就好了,那样我这辈子就再也不用发愁了,再也不用辛苦地劳作了。没错,这些金子应该属于我一个人的,等他回来,我将他打死,就只有天知地知了。"岂料回去拿口袋的那个人同时也在想:"那么多金子如果都属于我的话,我就成了全镇上最有钱的人了,可以住上大的宅院,可以娶上几个年轻貌美的媳妇。我先回去吃饱饭，然后给他送来下过毒的饭菜，他死后，所有的金子就都是我的了。"

回家里拿口袋的人很快就赶回来了，他还没将带来的饭菜放下，就被留下看金子的人用棒子给打死了。看着朋友死掉了，留下看金子的人心里不无感叹道："不要埋怨我，都是金子惹的祸啊！"之后，他就端起朋友拿来的饭菜狼吞虎咽，但还没吃上几口，他的胃就像火烧的一样疼痛难忍。这时他明白是朋友给他下了毒，临死前，他想起那个小和尚说的话："金子会吃人的啊！"

是啊，有时候贪恋不属于你的钱财确实会给自己招来灾难。故事中的这两个人就是因为被欲望迷惑了双眼，贪恋了本不属于自己的金子，不听小和尚的劝告，最终丢了自己的性命。所以，人们要学会控制自己的欲望，不贪婪，只有这样，才能把握住自己人生中的幸福。

佛经里有句话说："不计众苦，少欲知足。"一个人的欲望越少越好，欲望减少，人在生活中的障碍就会减少，同时，人们的幸福感也就会有所提升。过度的欲望只会让人们无暇欣赏身边的美景，忙于奔波，这样自然就感受不到幸福了。所以，人们要学会减少自己的欲望，不要让过度的欲望赶走了自己的幸福，这样才能还自己一个幸福的人生。

3

大爱无边,无私是幸福的源泉

幸福是什么?儿童会说:"幸福是投进妈妈温暖的怀抱里。"少女会说:"幸福是甜蜜地依靠在恋人宽阔的肩膀上。"初为人母的妈妈会说:"看着刚出生的宝宝,抚摸着宝宝幼嫩的皮肤,这就是幸福。"那幸福到底是什么?如果问一千个人,就会得到一千种不同的答案。

幸福是一个谜,它不会因为任何身外之物而偏爱某些人。在现实生活中,有一些人虽然拥有着令人艳羡的财富、权势,但是,他们的幸福指数却非常低,甚至还不如一些平凡的普通人,这究竟是为什么呢?

其实,答案很简单,幸福的根源在于有一颗无私的心。有些人虽然身居高位,拥有别人无法企及的权势,但是,他们的内心却是自私的,凡事只从自身的角度出发,这样又如何感受到幸福呢?而有些人虽然平凡无奇,但是他们却有一颗无私奉献的心,在帮助他人的同时,也收获了幸福和快乐。

在《钢铁是怎样炼成的》一书中,故事的男主人公保尔·柯察金说过这样一段话;"人最宝贵的东西是生命。生命对于我们只有一次。一个人的生命应当这样度过,当他回首往事的时候,他不因虚华而悔恨,也不因碌碌无为而羞愧——这样,在临死时,他才能样说,'我整个生命和全部精力都已经献给世界上最壮丽的事业——为人类的解放而斗争。'"从这段话中可以看出,保尔·柯察金拥有一种无私的奉献精神,而这种难得的品质也让他的人生感受到了别人无法感受到的幸福。

2008年5月12日是令所有中国人都难以忘怀的日子,因为在这一天,中国的四川省发生了一场前所未有的巨大地震,震级达到8.0级,不仅令四川省的汶川、北川、都江堰等地遭受了严重的摧毁,还让很多人在这场大灾难中丧失了性命。

当地震发生的那一刻,仅仅在短暂的数秒钟之内,汶川这座美丽的城市骤然化为乌有,许多楼房片刻间倒塌,让人措手不及,很多人被压倒在冰冷的水泥板下,其中包括一些老人、小孩。

地震发生后,武警军官们立即组织救援人员来抢救处于灾难中的人们。由于四川省内地区的地势十分复杂,高原、山地、丘陵占到了70%以上的面积,而平原和盆地仅仅占一小部分,这样的地形给救援工作增加了很大的难度。当时,那些救援人员不顾自己的生命危险,背着降落伞从高空中跳了下来。再加上大雾,能见度极低,周围又是悬崖峭壁,情况十分危险。而且,这些救援人员平时练习的高度都不超过1000米,面对着比练习时高出数倍的高度,这些救援人员内心只想着如何最快地救到灾难中的人们,他们冒着生命危险义无反顾地跳了下去。其实,他们也知道自己的生命很有可能丢失在这场救援中,甚至还有一些救援人员的亲人也正处于这场突如其来的灾难之中,但是,他们无暇去查找亲人的下落,甚至写好了遗书。

可以说,这是一场争分夺秒的时间抢夺战,任何一个延误都有可能导致更多人的死亡。在这场没有硝烟的时间抢夺战中,救援人员不顾自己的生命危险,在死神手下抢救伤员,他们靠的便是无私的奉献精神。大爱无边,这些救援人员拯救了很多灾民,并为他们送去了温暖。他们不愧是人民的子弟兵,为人们做了一个很好的榜样。

毫无疑问,这些人民子弟兵的生命是有意义的,他们的无私奉献不仅使得其生命焕发出了光彩,同时也让这个世界变得更加美好、温暖。换句话说,他们的精神世界是丰富的,同时他们也是幸福的。

然而,在现实生活中有一些人,他们为了谋求一点私利而不择手段,甚至会危害到他人的性命。可是,他们却不管不顾,依然毫不犹豫地去做,这些人的精神世界无疑是苍白的,他们自然也不会感受到幸福。

在茂密的大森林中,住着一群以豆类为食的豆鼠,它们晚上在洞里睡觉,白天到森林深处的灌木丛中寻找豆类植物,然后将豆类植物上的豆荚摘下来带回洞里。过了几天之后,这些摘回来的豆荚就会自发地崩裂开来,然后像珍珠一样圆润的豆子就会自动地滚出来,成了豆鼠们爱吃的食物。

在这些豆鼠中,有一只豆鼠的腿格外长,它十分机灵,每次找豆子时,它找到的总比其他的豆鼠多很多。可以说,它找豆子的本领是这群豆鼠中最厉害的。时间久了,这只长腿豆鼠积累的豆子越来越多,于是它不断地将自己的洞穴挖深,以便储藏更多的豆子。

然而这只长腿豆鼠却十分自私,它不想让自己的豆子被其他豆鼠偷走，所以，它无时无刻不在担心着自己的豆子。随着洞穴里的豆子日渐增多，这只长腿豆鼠的警惕性也变得越来越高，每次它出去找豆子时，没过多长时间，便急忙赶回家来看守自己的豆子。

不久之后，森林里的豆子越来越少，很多豆鼠开始找不到豆子，没有了豆子作为食物，有的豆鼠便去农夫的田里偷吃庄稼，结果被农夫下的毒药给毒死了，而它们的孩子也因此成了孤儿。

见到这种情况，长腿豆鼠非但不把自己的豆子拿出来分给那些处于饥饿中的豆鼠吃，反而害怕那些没有豆子吃的豆鼠会到自己的洞穴中偷豆子，干脆就不再出门找豆子了，它每天待在家中看守自己的豆子，反正洞穴里储藏的豆子足够它吃好几年。就这样，这只长腿豆鼠每天醒来都会走到自己的洞穴前，不让其他的豆鼠靠近它的洞穴。

那些饿得浑身打颤、连叫唤的力气都没有了的豆鼠，实在是没有其他办法了，于是，它们来到了长腿豆鼠的洞穴前，想要请它分给自己一些豆子。可是，这只长腿豆鼠一点儿也没有同情心，它不但无情地拒绝了那些处于饥饿中的豆鼠的请求，反而更加谨慎地看管自己的豆子，生怕自己的豆子被偷走。

长腿豆鼠的这一行为几乎触怒了所有的豆鼠，很多豆鼠都说："这只长腿豆鼠简直是太自私了，竟然如此狠心地对待豆鼠家族的成员。"甚至还有豆鼠诅咒说："希望这只长腿豆鼠早点死掉，等这只长腿豆鼠死了，一定要践踏着它的尸体冲进它的洞穴里，然后将它洞穴里的豆子全部抢光。"

可能是那些饥饿的豆鼠的诅咒起了作用，长腿豆鼠在一个月黑风高的晚上无声无息地死去了。当其他的豆鼠得知这一消息后，它们十分兴奋。它们在一只短腿豆鼠的带领下，踏着那只长腿豆鼠的

尸体冲进了它的洞穴中，并将洞中的豆子都搬光了。

其实，通常情况下，豆鼠是十分重视感情的，当豆鼠家族中有成员死去时，其他豆鼠会守护着死去的豆鼠，并将其尸体掩埋。可是，在长腿豆鼠死后，竟然没有人愿意守护并掩埋它的尸体，反而对它的尸体进行践踏，并搬光长腿豆鼠储藏的豆子，究其原因就是长腿豆鼠太过自私。

正是因为长腿豆鼠在豆鼠家族的成员挨饿之时没有提供援助，而是自私地看守住自己洞穴中储存的豆子，才使得豆鼠家族的成员对长腿豆鼠产生了极其坏的印象，甚至有豆鼠诅咒这只长腿豆鼠早些死掉，还在它死去后踏着它的尸体冲进它的洞穴，并抢光其所有的豆子。

正所谓"种瓜得瓜，种豆得豆"，长腿豆鼠种下的自私，收获的当然也只能是自私。倘若这只长腿豆鼠能够无私地将自己多余的豆子分一些给那些挨饿的豆鼠，想必豆鼠家族中那些挨饿的豆鼠一定会十分感激它，这样一来，在长腿豆鼠死后，那些受过长腿豆鼠恩惠的豆鼠就会守护着它，而长腿豆鼠也不会落得死后尸体被践踏、豆子被抢光的凄凉场景了。

无私是幸福的源泉。人们若想收获幸福，首先要学会无私地帮助他人，这样心灵才能够感到满足，并从满足中汲取到一丝丝的幸福感。所以，不要吝啬自己的爱心，当看到别人处于困难中时，要无私地伸出援助之手，这样你才能收获一份幸福。

Chapter 5 怎样塑造幸福的自我

4 别让你的抱怨打翻了你的"幸福鸡汤"

在现实生活中,人们的身边总是充斥着各种各样的抱怨之声,比如,很多家长抱怨自己的儿女不听话、不懂事,总是让自己生气;很多员工抱怨老板太抠门、太苛刻,抱怨自己付出得多,得到的薪水却只有那么可怜的一点儿;还有很多人抱怨自己的家人不理解自己,抱怨自己郁郁不得志。不管是别人对自己说的,还是自己说给别人听的,这些抱怨就像是具有传染性的瘟疫一样,迅速地传染给自己,让人陷入抱怨的泥潭中不可自拔,与此同时,心灵也被抱怨的毒素所感染,灵魂找不到出路,幸福也离自己越来越远。

王宝林是一家公司的总经理,在去公司的路上他因为赶时间而不小心闯了红灯,结果被交通警察发现并被罚了款,最后他赶到公司时,迟到了将近一个小时,这让王宝林十分生气,他不由得抱怨今天运气真差。到达办公室后,销售部的经理找到了王宝林,并告诉他,昨天没有和客户达成协议,生意没有谈成。王宝林听后,更加生气了,他痛骂了这名销售经理一顿。

这名销售部的经理被总经理痛骂后,十分生气,他抱怨地说道:"这次生意没有谈成,也不是因为我的缘故,难道我还要逼客户签协议吗?"就这样,这种抱怨的情绪一直萦绕在销售经理的心

头,一直到下班回家。

回到家里,这名销售经理看到自己的孩子没有写作业,而是在一边吃零食一边看动画片,怒火一下子涌上心头,便痛骂了孩子一顿。孩子听后,心里十分委屈,他小声地抱怨道:"我的作业早就做完了,爸爸却不分青红皂白地责骂我……"就在这时,和孩子关系非常好的猫咪跑了过来,它像往常一样蹭了一下孩子的腿,结果,孩子却一脚将猫咪狠狠地踢开了。猫咪看到小主人生气的样子,连忙逃到了街上。这时,一辆汽车开了过来,司机看到前方突然冲出了一只猫咪,连忙转方向盘,以避开这只猫咪,最后却将街道另一旁的一个孩子撞伤了。

其实,这就是心理学中著名的踢猫效应,它所讲的就是人们的负面情绪会传染。

罗曼·罗兰曾经说过:"只有把抱怨的心情化为上进的力量,才能感受到幸福。"抱怨就好像是人们鞋里的一粒沙,它会使人们在前进时感到疲惫,使人们行路更难,倘若人们不拿出鞋里的那粒沙,抛下抱怨,又怎么会更好地前行呢?就像法国著名的作家伏尔泰所说的那样:"使人感到疲惫的往往不是远方的高山,而是鞋中的那粒沙。"人们在抱怨之后,心情不但没有感到轻松、愉快,反而会更加忧郁、灰暗。抱怨让人们离幸福越来越远,只有抛下抱怨,人们才能够拥抱快乐,同时成为一个幸福的人。

李方华出了小区,打算打车去一下公司。没过多久,一辆出租车停在他的面前。李方华刚坐进这辆出租车,就感觉非常舒服,因为这辆出租车不仅外观干净,其布置也非常典雅,而且这位出租车司机衣冠整洁，一下子便让李方华的心情变得愉悦起来。李方华相信，这将会是一段非常愉快的短暂行程。

车子刚起动，出租车司机便热情地问李方华："车内的温度是否合适，用不用增加或者减小空调的温度？"没过多久，出租车司机又热心地问，"需不需要放一些音乐？您可以选择自己喜欢的音乐频道。"由于李方华平时喜欢听一些古典音乐，因而他选择了古典音乐频道，轻柔的曲风让李方华的心情放松起来。

当车在红绿灯前停下来时，出租车司机趁机回过头来对李方华说："车里有今天的报纸以及一些杂志，您可以选择自己喜欢的。还有，您前面有一个小冰箱，里面放着一些水果饮料，旁边还有一个保温瓶，里面有热咖啡，您可以选择自己喜欢的饮料或者咖啡来饮用。"

对于出租车周到的服务，李方华感到十分惊讶，他不由自主地看了眼出租车司机，发现司机的脸上挂着温和的笑容，就像冬日里和煦的阳光一样，直射到人们的内心，给人一种温暖的感觉。

没过多长时间，出租车司机对李方华说："这个时候前面的路段经常发生堵车，为了避免这个情况我们最好走高速公路。先生，我们走高速公路好吗？"在得到李方华同意后，这位出租车司机体贴地说："我是一个喜欢聊天的人，如果您想要聊天，我可以陪您聊；如果您想安静地待一会儿或者想休息一会儿，我可以静静地开车，不会打扰到您。"

从一上这辆出租车，这位出租车司机热情、周到的服务就让李方华就对其充满了好奇，他不禁问道："您的服务让我感到十分舒适，请问您是从什么时候开始采用这种服务方式的？"

这位出租车司机笑了笑，神秘地说："从我醒悟的那一刻开

始。"随后，司机向李方华解释："其实在两年前，我并不是这种状态，而是每天愁眉苦脸，抱怨生活，抱怨自己工作辛苦，却没有多少回报，而且还感觉自己的人生没有意义。但是，这种抱怨的态度并没有使自己的生活有多少改变，反而让自己的生活变得愈加糟糕。乘客们一上车看到我的愁眉苦脸，听到我的满腹牢骚，也会变得不开心了。因此，坐我车的乘客越来越少，而我每天的收入也越来越少，甚至有时会入不敷出。一个偶然的机会，我听到了一位住持人在广播中谈到如何对待生活，他说，'你如何对待生活，那么生活就会如何对待你。如果你整天抱怨生活不如意，自己太倒霉，那么，发生在你身上的所有事都会让你感觉倒霉；相反，如果你乐观地对待生活，不再抱怨生活，那么，你会发现自己每天都会过得十分开心、幸福。'从那以后，我便改变了自己的生活态度——停止了抱怨，乐观地对待生活，以笑脸面对每一位乘客，并给每一位乘客贴心的服务，而我之后的收入也越来越高了，现在的日子也越过越好了。"

这位出租车司机还补充说，他很少会拉空车，因为他的乘客总是会事先预定他的车，而且，有不少乘客还给他介绍了回头客，像今天这样在路边拉客的情况很少发生。

看着这位出租车司机脸上幸福的笑容，李方华有所感悟：这位出租车司机生活态度的改变，不仅让他的收入得到了很大的提高，更让他过上了幸福、开心的生活。

到了目的地后，这位出租车司机下了车，并跑到后门边给李方华开了车门，与此同时，他还给李方华递上了自己的名片，并对他说了这样一句话："很高兴为您服务，希望还有机会为您再次服务。"

从李方华这次的乘车经历中可以看出，生活态度对于人生是至关重要的，当你愁眉苦脸地抱怨生活时，那么你的人生就会变得一团糟糕；相反，如果你不再怨天尤人，而是以乐观的态度积极对待生活，那么你的人生将不再充满阴霾，而是阳光普照。所以，从现在开始，停止喋喋不休的抱怨吧，换一种态度对待生活，你的人生将会看到另一番风景。

人生是一场公平的旅行，去接受它，而不是抱怨遇到的坎坷。当上帝为你关上一扇门时，总会为你打开一扇窗。只要你不以抱怨的态度看待生活，那么你会发现挫折只是一时的，自己的人生终将会柳暗花明又一村。著名诗人马雅·安洁罗曾说过："如果你不喜欢一件事，那么就去改变这件事；如果你无法改变这件事，那么就改变自己的态度。"总之，不要去抱怨。

在森林里住着一只乌鸦，它每搬到一个地方，总会受到周围邻居的排挤，因为邻居们认为乌鸦的叫声太难听了。尤其是到了晚上，劳累了一天的小动物回家后，刚刚入睡便听到乌鸦展现歌喉，吓得它们冷汗都出来了，更别提睡觉了。这些邻居忍无可忍后，便想尽一切办法来驱赶乌鸦。

乌鸦见邻居们不喜欢它的歌声，便伤心地从一个地方搬到另一个地方。可是，不管搬到哪里，它总是受到邻居们的排挤和责骂。乌鸦抱怨道："这里的邻居简直是太刻薄了，我一定要搬得离它们远远的。"

乌鸦下定决心后，开始竭尽全力地向远方飞去，它不分昼夜地飞，累得筋疲力尽，直到飞不动了才肯在枝头上休息一小会儿。

一天，当乌鸦正落在枝头上休息的时候，一只小鸟正好路过，

它看到乌鸦虽然十分疲惫但仍拼命地向前飞,就好奇地问:"乌鸦,你既然都累成这样了,为什么不好好休息一下,还要拼命地飞呢?你想飞到哪里去呢?"

乌鸦坚定地说:"我想飞到离这里很远很远的地方,并在那里安家。"

小鸟十分纳闷,不解地问道:"你为什么一定要到远方安家呢?在这里生活怎么了?"

乌鸦叹了口气,抱怨地说:"这边的邻居太难相处了,我都搬好几次家了,可是不管搬到哪里,周围的邻居都排挤我,说我的歌声太难听了,这让我实在是无法忍受。所以,我决定搬到离这儿很远的地方去,能搬多远,就搬多远。"

小鸟听了乌鸦的话,明白了乌鸦搬家的原因,随后,它笑着对乌鸦说:"难道你认为自己只要搬得远远的就能解决问题吗?依我看,不管你搬到哪里,都会遇到同样的问题。"

乌鸦听后十分生气,认为小鸟是在嘲笑自己,于是皱着眉头问:"你为什么这么说呢?"

小鸟笑着解释说:"这道理不是明摆着的吗?你的歌声的确是不好听,尤其是在晚上的时候,会显得格外刺耳,这种扰清梦的行为自然会受到邻居的排挤。不过,只要你稍微改一下自己的声音,并在夜晚邻居睡觉的时候不要唱歌,那么,自然也就不会受到排挤了。"

尽管小鸟苦口婆心地对乌鸦进行解释,但乌鸦就是不相信小鸟的话,它始终觉得不是自己的错。所以,它依旧竭尽全力地朝着远方飞去,但不管它搬到哪里,搬得多远,正如小鸟所说的那样,它还是受到新邻居的排挤和责骂。

在这个故事中，人们可以得到这样一个启示：如果一个人受到身边所有人的排挤或者指责，并且焦点是同一个问题，那么，这个人很有必要在自己身上找原因，而不是在那不停地抱怨。

所以，不管身处什么样的环境，不管遇到什么样的挫折，人们都应该远离抱怨，从自身方面改变自己，因为抱怨不但不能解决任何问题，而且还是扼杀幸福的刽子手，当人们沉迷于抱怨的情绪时，负面情绪就会不断蔓延，这就和"千里之堤毁于蚁穴"的道理一样。到最后，人们的心灵被各种负面情绪包围，成为负面情绪的俘虏。因此，人们要保持内心的清醒，不要让抱怨情绪打翻自己的"幸福鸡汤"。

5

不苛求完美，方能收获幸福

俗话说："金无足赤，人无完人。"人生总是不完美的，这就犹如断臂的维纳斯一样，缺憾会使得人生变得更加真实。在现实生活中不可能存在绝对完美的事或者人，也正因为如此，人们才会不断地追求完美。追求完美本没有错，但是，如果人们过于苛求完美，那么，不仅会让自己活得很累，甚至还会囿于完美的牢笼中不能自拔。

生活中，有些人过于苛求完美，他们为了那个不可能达成的目标而竭尽全力，然而不管他们多么努力，这个完美目标最终还是实现不了。可以说，完美目标的破灭不仅会让他们身心疲累，还会让他们变得十分痛苦，并给他们的心灵蒙上一层阴影。所以，在现实生活中不要过于苛求完美，否则只会让自己陷入痛苦的深渊。

很久以前，有一个著名的雕刻师，他是一个十分苛刻的完美主义者。只要是他完成的雕像作品，很少有人能够将作品和原物区分开来。一天，死神告诉这位雕刻家，他将会在明天晚上十二点钟来取走他的性命。

雕刻师听到这一消息后，也像普通人一样害怕即将到来的死亡，而且他心中还有一些遗憾——他还没有雕刻出最完美的作品。

他想了很多办法来躲避死神，终于想出了一个好办法——他决定雕刻十一个自己的雕像。

就这样，他立刻开始雕刻起来，一点儿也不肯放松，因为只要他有一丝松懈，那么他所雕刻的作品就很有可能被死神识别出来，而自己也就很难避免死亡了。终于，他在死神到来之前将十一个自己的雕像做好了。看到自己雕刻的作品，雕刻家十分满意，因为就算他自己也很难看出雕刻的作品和真实的自己之间究竟有什么不同。

就在此时，死神来敲门了，雕刻家赶紧藏在了自己雕刻出的十一个作品之间，并且屏住了呼吸。死神推开门后看到眼前的十二个一模一样的人，十分惊讶。他不敢相信自己的眼睛，尽管他仔细地观察了这十二个人，但仍然没有发现他们之间有什么区别。这是怎么回事？难道上帝创造了十二个一模一样的人吗？

死神不能确定自己应该带走哪一个人，于是他带着疑问找到了上帝，问道："那里怎么会有十二个一模一样的人？我到底应该带走哪一个呢？"

上帝将死神叫到自己身边，并对死神轻轻地说了一句话。

死神疑惑地问："这样做真的管用吗？"

上帝微笑着点了点头，并说道："你试了就会明白了。"

死神将信将疑地再次来到雕刻师家里，并围绕着十二个一模一样的人转了一圈，思索了片刻，并对着这些人说："您好，大雕刻师，我仔细地看了一圈，发现您的这些作品都非常完美，只不过还有一些小的瑕疵。"

雕刻师听到死神说自己的作品有瑕疵，立即无法忍受了，他忘记了自己目前的处境，立刻向死神问道："哪里有瑕疵？"

你为什么勤劳而**不幸福**

死神看向雕刻师发声的方向,一把揪出了雕刻师,并笑着说:"我终于找到你了,你的瑕疵就是太过苛求完美。在天堂里,要想找出完美的东西都十分困难,更别提在人间。"说完,死神便带走了略有些不甘心的雕刻师。

世界上没有绝对的完美,过于苛求完美,只会让自己陷入无限的疲累和失望中。一位哲学家曾经说过:"完美是毒,很多人认不清这一点,过于苛求完美,结果反而中了完美的毒。"的确如此,不完美才是现实生活中的一种合理常态,我们凭借自己的主观想法是无法打破这一客观规律的。人们应该包容生活中的不完美,接受瑕疵,这样才能接近完美,并过上幸福的生活。

有一个人在海边散步的时候幸运地捡到了一颗美丽的珍珠,这颗珍珠的色泽非常饱满,晶莹剔透,而且个头也很大,这个人非常高兴。但是,他在认真观察这颗珍珠后发现,这颗珍珠并不像自己想象的那么完美——在珍珠晶莹剔透的表面下有一个小小的斑点。

其实,珍珠表面的斑点真的十分小,不仔细看的话根本发现不了。可是,捡到珍珠的人越看珍珠,就越觉得珍珠表面的斑点大,就越无法忍受。他就像用放大镜一样来看这颗珍珠,每天都在想:如果这颗珍珠的表面没有这个可怕的斑点,那该是多么好的一件事啊。

珍珠表面的斑点困扰了他很长的时间。终于有一天,他狠了狠心,决定将珍珠表面的斑点除去。于是,他开始动手剥去珍珠的表层,可是,剥去珍珠的表层后,珍珠的斑点并没有消失,反而是更加明显了。这个人并不甘心,于是他又开始动手剥去珍珠的最外面一层,然而,珍珠上的斑点依然没有消失。就这样,这个人剥去了一层又一层，直到剥到珍珠的最后一层，斑点终于消失了，但是，他手中的那颗珍珠也裂开了。

珍珠的消失对他的打击非常大——自从珍珠消失后，这个人开始一病不起，不管吃什么药，病情也不见好转。其实，他也知道自己是因为那颗珍珠而生病的，可他就是放不下那颗已经消失的珍珠。在临死之前，他对自己的家人说："其实，那颗珍珠的斑点并不显眼，不仔细看根本看不出来，如果我当时没有那么执着于完美，那么，我就不会失去那颗美丽的珍珠了。"

故事中的这个人正是因为太过苛求完美，结果不仅丢失了到手的美丽珍珠，还丢了自己的性命。可惜的是，这个人直到生命的最后才知道"人不能苛求完美"的道理，但是为时晚矣。这个故事也给了我们一个启示：苛求完美是一种病态的心理，虽然它从表面看上去很美好，但是实际上很有可能是一个美丽的错误。所以，人不可苛求完美，否则将会与幸福无缘。

6

乐观看待生活，幸福才会来临

有一位哲人曾说过："人生本身既不是福也不是祸，而是盛满福祸的容器，关键在于你的人生态度。"的确如此，正所谓"福兮祸所伏，祸兮福所倚"，如果对一件事情持悲观态度，即便是好事，也有可能转变成祸事；而如果对一件事情持乐观态度，即便是祸事，也有可能转变成好事。

同样是在沙漠中面对仅剩的半杯水，悲观者会说："唉，就剩半杯水了，我要怎样才能走出这一望无际的沙漠呀？"他们会拿着半杯水，悲观地在沙漠中踟蹰不前，而这种消极的态度会让他们走不出沙漠。乐观者会说："幸好，我还剩下半杯水，这很有可能助我走出沙漠。"这些人会拿着半杯水，乐观地在沙漠中寻找出路，而这种积极的态度会成为他们走出沙漠的助力。

同样是半杯水，乐观者和悲观者的态度是截然不同的，而这导致的结果当然也会不同。可以说，乐观与悲观就在人们的一念之间，它们会引领着人们走上不同的道路。在现实生活中，有些人总会像悲观者那样看待世界，在面对挫折与困境时，他们往往会止步不前，还没有行动就说放弃，这就导致他们的行动总是以失败告终。其实，只要他们换一种角度来看待世界，比如，在面对挫折与困难时，积极行动，不放弃，坚强地面对人生赐予的挑战，不管结果如何，只要努力了，其实就是一种成功。换一种乐观的态度来面对生活，你将会发现生命是如此的多彩。

一位哲学家曾说过这样的话："生活是美好的，虽然它可能会让我们有过悲伤与难过，但是它也赐予了我们幸福与快乐。不管是悲伤还是幸福，这些都是生活的本色，我们都要鼓足勇气去面对它们。"的确，生活是美好的，即使在遇到挫折时，也要觉得那只是一时的，无论如何，都不能因此而一蹶不振，更不能用悲观的态度去面对挫折，而应该将挫折看作一种考验，一种能够让我们变得更坚强、更勇敢的考验，只有这样，才能体悟到生活中的美好。

有一户人家生了两个孩子，他们的性格却有着天壤之别——一个天性悲观，不管发生什么事情总会以极其消极的态度对待；一个天性乐观，不管发生什么事情总会以极其积极的态度对待。对此，他们的父亲十分发愁，在他看来，自己的这两个孩子一个太过于乐观，一个却又太过于悲观，所以他决定想一个办法来改变他们。

终于，父亲想出了一个办法：他将那个性格悲观的孩子关在了一个充满各式各样玩具的房间里，同时将那个性格乐观的孩子关在了一个臭气熏天的马厩中，里面有很多马粪，而且为了防止孩子走出来，他还将这个马厩锁上了。

一天过去了，父亲决定看看这两个孩子有什么变化。他先去了那个满是玩具的房间，当他推开门后却发现孩子正在哭泣，满脸都是泪水。父亲有些奇怪，于是问孩子："这里有这么多玩具，你为什么不玩玩具反而在哭呢？"孩子哭着说："我看着这些玩具，越看越伤心，不知道先打开哪一个玩具，而且这些玩具只要玩了，就有坏掉的可能。"父亲听了孩子的话，叹了一口气，便走出了屋子。

之后，父亲来到那个充满马粪的马厩，当他看见孩子正开心地坐在马粪堆里刨马粪时，他感到十分奇怪，于是疑惑地问道："你在找什么呀？"孩子开心地说："爸爸，你总算来了，我觉得这堆马粪里一定藏着一个小马驹，可是，我都找了一天了，还没有找到呢。你快点帮我找找呀。"

这就是不同的两种生活态度。当一个人用悲观的态度面对世事时，即使幸运降临到他头上，也会因为他的消极而转变为不幸；而当一个人用乐观的态度面对世事时，即使是不幸降临到他头上，也会因为他的积极态度而转变成幸运。所以，人们要想得到幸福女神的眷顾，必须学会乐观地面对世事，以积极的态度来面对人生，这样才能欣赏到世间的美景，并且领悟到幸福的真谛。

7

常宽容，常幸福

　　人一生中要学会宽容三类人，只有这样，才有可能得到快乐，并收获幸福。第一类人就是自己，因为人无完人，每个人都会有一些缺点，不可能完美无缺，所以，你不可以对自己的缺点耿耿于怀；第二类人是家人和朋友，因为越是你在意的家人和朋友，越是有可能于无意之中伤到你，所以，要对家人和朋友无心的过失保持宽容；第三类人就是敌人或者对手，因为即使是你的敌人或者对手，其身上也有值得你学习的地方，如果你对于敌人或者对手的行为感到愤怒，那么不仅会让你丧失理智，同时，你的愤怒之火还有可能伤害到自己和家人。其实，不少人之所以感到不快乐、不幸福，很多时候是因为他们少了一些宽容之心。

　　俗话说："忍一时风平浪静，退一步海阔天空。"人生的最高境界就是宽容，而宽容的最高境界是对对手或者敌人的宽容。人生需要宽容，如果人们不懂得宽容，不懂得后退一步，而只是一味地咄咄逼人，那么，很多时候会让事情丧失回旋的余地，让彼此之间的关系剑拔弩张，势同水火，这样又如何获得心灵的安宁，又如何拥抱幸福呢？

　　清朝康熙年间，有一位名叫张英的大学士，老家是安徽桐城。

你为什么勤劳而**不幸福**

一天,他的家人因为建房一事而和邻居发生了激烈的争吵,双方各不退让。于是,他的家人修书一封给远在京城做大官的张英,并在信中将这件事的原委告诉了张英,希望张英能够为他们主持公道。张英思索了片刻,便给家人寄回了一首诗:"千里修书只为墙,让他三尺又何妨?万里长城今犹在,不见当年秦始皇。"张英的家人读了这首诗后,不禁为张英的宽容大度所动容,同时也为自己的锱铢必较深感惭愧。于是,他们立刻让出了三尺的空地。而他们的邻居看到张家让出三尺的空地后,感到有些奇怪——前几天,两家还为这一点儿地而吵得天翻地覆,为何今日张家会如此大度地让出三尺的地呢?

当邻居得知了张英的那封回信后,也不禁为自己的举动而感到汗颜,于是,他们也立刻让出了三尺的土地。而这就有了令后人津津乐道的六尺巷。

张英的一封信不仅化解了两家人的纷争,更是成就了六尺巷的美谈。其实在张英家人和邻居的争斗中,张英完全可以凭借自己的权势逼邻居退步,但如果他这样做,不仅会在官场上给别人诟病的机会,更会使其家人和邻居的关系势同水火,两家人在日后的来往中更会因为彼此的矛盾而不断发生争执,这样,其家人也不会得到安宁。但是,张英并没有这样做,而是让自己的家人后退一步,其宽容的胸怀不仅化解了家人与邻居的纷争,更让他得到了康熙皇帝的欣赏,很快就被封为礼部尚书。可以说,张英的高风亮节、宽容大度,不仅成就了其家人和邻居,也成就了他自己。

宽容是一种美德,是一种修养,更是一种境界。当人们以宽容之心待人时,会发现宽容别人其实就是给自己留一条后路。宽容你的家人，因为家人的爱是无私的，也是通透的，里面不含任何杂质，即使有些时候家人的爱让我们无所适从，那也只是他们的爱太过浓厚所致，所以要对家人多一些宽容，多一些体贴，那么你就会发现自己身边充满了幸福与爱。宽容你的朋友，因为朋友让我们的生活变得多姿多彩。友谊是生活中的调味剂，真正的朋友会与你分担忧愁和痛苦，对朋友多一些宽容与理解，让友谊之花绽放开来，你会发现生活中充满着淡淡的幸福。宽容你自己，人非圣贤，孰能无过，为何我们能宽容别人却不能宽容自己呢？宽容自己，就等于是卸下过去沉重的包袱，开始自己新的旅程，你会发现自己的人生之路越走越宽阔，而幸福与快乐也就油然而生了。

宽容是一种博大的胸怀，是一种不凡的气度，更是一种难能可贵的品质。宽容可以使人们的心灵变得更美，并且感受到生活中的幸福阳光。如果一个人学不会宽容，那么他就会被心灵的包袱所束缚，并生活在阴霾之中，他又怎么能够感受到幸福呢？

王光浩和李然是从小一起长大的好朋友。他们二人不仅是邻居，也是同学，大学毕业后，他们又进入了同一家公司。

一次，领导安排他们去和一个大客户谈一笔生意。于是，他们一起去拜见客户，因为他们的真诚打动了客户，所以客户产生了初步签单的意向。

由于取得了初步的成功，王光浩和李然决定晚上去酒吧庆祝一下，并约定第二天一起去拜访客户来完成最后的签单。结果，王光浩喝得酩酊大醉，一直睡到次日的上午10点才醒过来。当他醒来后，才发现李然居然趁着自己酩酊大醉的时候提前去找客户签单了。而且，由于是李然独自一人和客户签的单，完成这笔生意的功

劳自然落到了李然一个人的头上。

当王光浩找李然算账时，李然解释说："我和你喝完酒之后，心里有些不安，于是就连夜找到客户签了单。而且，我在去见客户之前也曾叫过你，可是，我叫了你半个多小时，你仍然没有醒过来，所以我就独自一个人去见客户了。"对于李然的话，王光浩当然不相信，可是此时木已成舟，即使说不信也为时已晚。

由于李然成功完成了这笔订单，因而得到了领导的欣赏，很快便升了职。之后，李然开始顺风顺水，不到半年时间，便成为这家公司的部门经理。而王光浩却在这半年里借酒消愁，内心陷入阴郁之中，越来越消极，所以一直没有机会升职，依然是一个普通的业务员。

不仅如此，王光浩还对李然产生了怨怼的情绪，只要在公司中看到李然，王光浩就变得非常愤怒，并产生一种想把李然的脸打肿的冲动。半年过去了，王光浩依然没有原谅李然，并拒绝出席任何有李然的场合。虽然李然曾多次找到王光浩，解释当时自己那么做的缘由，还向他表示了歉意，可是，王光浩却对李然的道歉不加理会。

就这样，王光浩把自己困在了心灵的牢笼里，由于不宽容朋友，因而长时间得不到解脱。当李然找到他们共同的朋友王中恒当说客时，王光浩对王中恒说："我什么都能宽容，但就是不能宽容朋友在背后耍阴招；我谁都能原谅，但就是不能原谅李然。"尽管王中恒苦心劝说："李然当时并没有想那么多，他只是怕中途出现变故就提前行动了，并且在他行动之前确实叫了你，只是你当时睡得很沉，怎么叫也没有把你叫醒，所以他才独自找了客户。"然而，王光浩就是不听劝说，依然选择不宽容李然。

又过了半年，王光浩依然没有原谅李然。二人在同一家公司里上班，经常会不期而遇。每当这个时候，王光浩总是将头扭到另一旁，选择无视李然。有时在上一秒他还和公司里的同事谈笑风生，但是，只要李然一出现，他就会闭口不言。

王光浩知道自己受到了心灵的桎梏，但他十分纳闷："做错事的是李然，应该是李然受到精神折磨才对，为什么现在受折磨的反而是自己？"

王光浩将自己的苦恼告诉了心理咨询师，并寻求解决办法。心理咨询师告诉他："你要想得到解脱，就要学会原谅你的朋友，宽容他。"虽然王光浩对于心理咨询师的建议半信半疑，但他还是决定尝试一下。

次日，王光浩找到了李然，并试着和李然交流了一下后觉得自己心情好多了。而且，通过这次交流，王光浩还产生了一个新的想法：也许李然当时并不像自己所想的那样卑鄙，也许他当时确实是如他所说的那样，最后王光浩决定原谅李然，宽容李然。就这样，王光浩内心的阴霾一扫而光，他和李然再次成为朋友。

王光浩宽容李然之后，开始以全新的面貌来面对周围的同事。并且，由于他的心境得到了很大的提高，其业务也做得十分顺利，没过多久，王光浩便也被提升为部门经理。

所以，人要学会宽容，也许有时候朋友的无心之过会伤害到我们，但是，能够在茫茫人海中相遇并成为朋友，这是多么难能可贵的缘分呀。难道我们真的要因为一点儿小事而和朋友绝交吗？宽容朋友的无心之过，你会发现自己的内心深处开满了幸福之花。

Chapter 6

怎样提升
你的幸福指数

　　用什么方法来判断幸福感呢？现在大多数国家都在采用幸福指数来衡量国民的幸福度。幸福指数反映的是人们对于幸福的主观感受，是衡量幸福感的主观具体数值，是幸福感的量化表现，也可以认为幸福指数越高，人的幸福感就会越强烈。那么怎样才能提高幸福感呢？首先，人们要学会知足，正所谓"知足者常乐"，不要老是这山望着那山高；其次，要学会舍弃，在日常生活中舍弃一些不该有的欲望可以使你离幸福更近一些；最后，要学会放下，学会放下一些陈旧的观念，这样才能更好地拥抱幸福。

1

学会满足，就会离幸福更近些

　　人们因为心中过多的欲望而致使自己痛苦不堪，其实，很多时候，人们只要学会减少一些欲望，懂得满足，就能感受到更多的幸福。当人们学会满足之后，其心灵就会处于一个和谐与平衡的状态，不会受到外界物欲横流的影响，这时，人们就会因为少"欲"一身轻，从而生活得更加快乐、幸福。

　　人生不过短短数十载，正如人们空手来到这个世界上一样，当人们离开这个世界时，也会空手离去，带不走任何东西。既然如此，人们又何必执着于自身的种种欲望而不知满足，让自己痛苦不堪呢？所以，人们要想幸福地生活，就要学会满足，放下心中对欲望的过多渴求，让心灵处于平和与安宁之中。

　　美国著名心理学家劳伦斯·希尔加德认为，随着社会的不断发展，人们的生活水平提高了，但是与此同时，人们的欲望也增多了，这就是人们的幸福指数非但没有上升，反而有所下降的原因。所以，人们要想提高自己的幸福指数，就要学会满足，并减少自己心中的欲望。

　　在深海中，鲨鱼妈妈教导着自己的孩子如何捕食，它把自己所会的全部教给小鲨鱼后，便对小鲨鱼说："孩子，现在你长大了，

并且学会了所有捕食的本领,我已经没有什么要教给你了。所以现在我要离开了。"

由于在深海中几乎没有任何生物能够伤害鲨鱼,可以说鲨鱼就和森林中的老虎一样,可以在海中称王称霸,所以,虽然鲨鱼妈妈决定离开小鲨鱼,但是它并不担心小鲨鱼会遇到什么危险。而且,鲨鱼妈妈相信,即使自己不在身边,小鲨鱼也会生活得很好。

一个月后,鲨鱼妈妈在深海中的一个角落看到了小鲨鱼,与它想象有所不同的是,小鲨鱼离开自己后过得似乎并不好,因为此时的小鲨鱼看起来面黄肌瘦,有些营养不良。

但是,小鲨鱼现在待的这个海域食物十分丰富,鲨鱼妈妈也是被这里丰富的食物吸引过来的。鲨鱼妈妈打算暗中观察小鲨鱼是如何捕食的,为何会落得如此的地步。

没过多久,一群马哈鱼游了过来,鲨鱼妈妈心想:"小鲨鱼可以饱餐一顿了。"

可是当这群马哈鱼到了小鲨鱼的攻击范围时,小鲨鱼却没有采取任何行动。

第一条马哈鱼先探了一下路,并从小鲨鱼的附近游了过去,但是小鲨鱼连动也没有动。后面的马哈鱼看到没有什么危险,于是也从这里游了过去。就这样,一条、两条、三条……越来越多的马哈鱼从小鲨鱼的附近游过去,有的马哈鱼甚至从小鲨鱼的嘴边游过,可是,小鲨鱼还是一动也不动。

鲨鱼妈妈有些替小鲨鱼着急,它不明白为什么小鲨鱼在马哈鱼游到自己嘴边的时候没有采取任何行动。不过,渐渐地,鲨鱼妈妈似乎明白了小鲨鱼为何没有捕捉马哈鱼。它发现小鲨鱼的目光一直盯着那些远去的马哈鱼,似乎不满足只捕捉一小部分马哈鱼,而是想捕捉更多的马哈鱼。

但是,当小鲨鱼想要捕捉大部分的马哈鱼时,这些马哈鱼却离小鲨鱼越来越远了。此时,小鲨鱼开始着急起来,虽然它努力地追赶这些马哈鱼,但最终还是没有追上——马哈鱼成功地摆脱了小鲨鱼的追击。由于没有追到马哈鱼,加上已经很长时间没有吃到食物了,小鲨鱼已经没有力气再去追赶马哈鱼群了。

这时,鲨鱼妈妈现身了,它叹了一口气,问道:"当马哈鱼游到你的嘴边时,你为什么不吃掉它们呢?"小鲨鱼说:"妈妈,我想要捕捉到更多的马哈鱼,所以开始时并不想打草惊蛇,也就没有吃掉这一小部分马哈鱼,可是当我想要捕捉那一大群马哈鱼时,它们却离我越来越远了。"

鲨鱼妈妈意味深长地说:"孩子,你要知道欲望是无法满足的,当你不满足眼前的东西时,很有可能会让你连眼前的机会都失去了。"

一天,佛陀下凡来视察人间的生活,并决定度有缘人脱离苦海。途中,佛陀遇到了一个八九岁的小朋友,他正坐在地上伤心地大哭。

看到这种情况,佛陀不禁动了恻隐之心,他连忙上前询问:"小朋友,你遇到什么困难呢?为何坐在地上哭泣呢?"

这个小朋友回答说:"我从小和爷爷相依为命,如今爷爷病倒了,但家里没有钱来请大夫为爷爷看病。我想要出去打工赚钱,可是,如果是那样就没有人来照顾爷爷了。现在,我不知道怎么办?"

佛陀听了这个小朋友的话,心里十分开心,他心想:"世间竟然还有如此有孝心的孩子,我一定要帮助他。"

　　为了帮助这个小朋友，佛陀决定施展法术。于是，他随手指了一下路边的大石头，并用自己的金手指将这个大石头变成了金子。随后，佛陀便将这块金子送给小朋友。可是，这个小朋友却摇了摇头，表示自己不要这块金子。

　　佛陀听后，心里十分欣慰，他心想："这个小朋友不仅有孝心，还是一个不贪恋金子的人，真是难得。"不过，佛陀随后问了小朋友一个问题，小朋友的回答却彻底改变了佛陀的想法。

　　佛陀问小朋友："这一大块金子不仅能够帮助你爷爷找大夫看病，还足够你们几年吃喝不愁。你为什么不要这块金子呢？"

　　小朋友的回答是："你给我的金子即使再大，终有一天会用完的。我想要你的金手指，这样的话，只要想要金子，随手一指，就可以变出来了。"

　　佛陀听了这个小朋友的话，叹了一口气，感慨道："世人皆是贪心啊，没想到连一个不到十岁的小朋友也是如此的贪婪，如此的不满足。"

　　说完，佛陀便摇了摇头，离开了。

　　故事中的这个小朋友正是因为贪心和不满足，才失去了佛陀赠予他的金子，从而断送了自己和家人的幸福生活。所以，人们要想过得幸福，离幸福更近一些，那么，有必要让自己学会满足。只有学会满足，才能够让自己的心灵保持安宁和清静，才能控制住自己的欲望，并对别人的帮助心存感恩。有了一颗满足和感恩的心之后，人们的幸福指数就会有所提高，此时，离幸福自然也会更近一些了。

2 舍弃也是一种美

唐代著名文学家柳宗元曾写过一篇名为《蝜蝂传》的文章，文中所讲的是蝜蝂（小虫子）经常会背着一些东西，原因是当蝜蝂出门的时候，路上不管遇到什么东西，它都会将其拾起，背在自己的背上。即使累到极点，它依然是不管看到什么东西，都往自己的背上背。就这样，蝜蝂越走，其背上的东西越重，但是，蝜蝂依然不舍弃自己身上背负的东西，最后累倒在地上，难逃死亡的命运。柳宗元通过蝜蝂的故事告诉人们一个道理：有时候，人们也应该懂得舍弃，不要因为一些不必要的重负让自己丢了最宝贵的东西。

其实，人活在世上，一生都在做关于加减的运算。其中加法的运算指的就是获取，而减法的运算指的就是舍弃。如果人们不懂得舍弃，而是一味地获取，那么很有可能会失去一些最珍贵的东西。有时候，舍弃也是一种美丽。乔达摩·悉达多原本是一个小国的太子，但是，他舍弃了荣华富贵，舍弃了名利权势，最终修成正果，成为释迦牟尼佛，世世代代受人朝拜。

现实生活中，很多人不懂得舍弃，做不好人生中的减法运算，只想着不劳而获，最终导致自己的心灵十分空虚，并走进了人生的死胡同。尤其是一些守财奴，他们到死也守着自己的财富，比如巴尔扎克笔下的葛朗台，结果造成了人生的悲剧。

你为什么勤劳而**不幸福**

　　在很久以前，有一个十分吝啬的女人，她总是一毛不拔，还喜欢榨取他人的财富，所以身边没有什么朋友。不过，值得庆幸的是，她有一个十分明事理的丈夫。她的丈夫十分努力地想改正她吝啬的行为，结果收效甚微。后来，她的丈夫得知五台山上有一位得道高僧，十分受人尊敬，使很多迷途中的人回归正路。于是，她的丈夫跋山涉水来到了五台山，并虔诚地请这位高僧为自己的妻子治"病"。

　　这位高僧看到眼前男子真诚的样子，决定帮助他一把。当这位高僧来到男子的家中时，女主人只用一杯白开水招待高僧，竟然连一点儿茶叶都舍不得往水里放。但是，高僧看后并不在意，他攥紧自己的两个拳头，夹着女主人给自己倒的水开始喝起来。女主人看到这种情况，"扑哧"一下乐了，她对高僧说："大师，你的手是不是有什么问题啊？为什么总是攥着拳头呢？你这样下去时间一久，手就会变成畸形的。"高僧听了女主人的话，点了点头，意味深长地说："是啊，如果人们总是攥着拳头，时间久了，手就会变成畸形。难道这和我们的钱财不是同样的道理吗？人们若是只知道死死将自己的钱财攥在手里，永远也不肯松开自己的双手，这样时间一久，人们的思想就会变得畸形。钱，只有流通起来，待在它该在的地方，才能实现它的价值。倘若人们不知道松开自己紧握钱财的双手，不将钱用在合适的地方，那么，总有一天会失去很多比钱财更重要的东西。所以，不要再吝啬自己手中的钱财，该放下的时候，就要学会放下。"说完，高僧松开了拳头，轻轻地拿起杯子，喝了一口水。

　　女主人听后，脸变红了，她知道高僧是在告诉自己不要吝啬钱财。但由于长时间形成的吝啬习惯让她一时间难以接受，而且高僧的直言让她感觉有些丢面子，于是她想了想，决定给高僧出一个难题，来挽回自己的面子。这时，女主人最喜欢的宝贝——小猴子跑了出来。她看到这种情况，神秘地笑了笑，然后抱起小猴，在它脸上亲了一下，之后便转过身对高僧说："大师，你看我养的这只小猴子多么可爱呀，它的模样和我们人类差不多。而且，我还听说，最原始的人类就是由猿猴演化来的。"高僧笑着说："的确如此，人类的先祖的确是由猿猴变成的，当时人类的先祖舍弃了自己的一身毛，所以变成了现在的人类。如果当时猴子也和人类的先祖一样，舍弃自己的一身毛，也可能变成现在的人类了。"女主人说："大师，你的法力无边，请你把这只可爱的猴子变成人吧，这样我每天就能和它交流沟通了。"高僧听后，看了一眼女主人，并认真地想了想，说道："好吧，我试试看吧。这只猴子比人多了一身毛，要想变成人，首先就要把它那一身毛给舍弃了。"说完，高僧伸手在猴子身上拔了一根毛，这时，小猴子痛得吱吱乱叫，它连忙从女主人的怀里挣脱出来，逃走了。高僧叹了一口气，摇了摇头，说："唉，这只猴子连自己的一根毛都不舍得拔，它又怎么能变成人呢？舍得舍得，有舍才有得；不懂舍弃，又如何能获得呢？"

　　女主人听了高僧的话，顿时惭愧地低下了头，并对高僧说："大师，我终于明白了。"之后，女主人果然改变了自己吝啬的习惯，不再压榨他人，更为难能可贵的是，她开始变得乐善好施，一旦看到哪户人家遇到困难，她总是毫不吝啬地伸出援助之手，帮助他们度过困境。过了一段时间后，这个女人逐渐赢得了人们的认可，并成为当地最受欢迎的人。

　　当人们舍弃一点儿物质利益后，会得到更多精神上的满足，当

你舍弃对自己无用但对他人有帮助的东西后,就有可能会得到意外的收获。舍得舍得,有舍才有得。人生中有很多事情都需要人们做出类似的取舍选择,只有懂得舍弃该舍弃的东西后,你才能明白幸福的真谛,并获得真正的幸福。

有时舍弃也是一种美。果实舍弃了美丽的花朵,最终获得了秋天的硕果累累;茉莉舍弃了美丽的身姿,最终换来了幽雅的清香;小树舍弃了多余的枝丫,最终长成了参天大树。当人们懂得了舍弃之后,将会迎来人生中的另一种美。

3

放下就能幸福

英国著名哲学家邱斯顿曾经说过:"天使之所以能够在天空中自由飞翔,是因为他们有着轻盈的人生态度。"在现实生活中,不少人由于害怕失败与挫折,总是忧心忡忡,心里像压着一个沉重的铁块,让他们感到窒息,甚至痛苦不堪。这些人之所以感觉到痛苦,是因为他们没有轻盈的人生态度,不懂得放下。

放下不仅是一种高深的学问,更是一种坦然的生活态度。人生在世,只有学会放下,才能够不背负沉重的负担,才能以轻盈的心态在人生路上前行,并抓住人生路上的幸福和快乐。

《列子·天瑞》中讲了这样一个故事:杞国有个这样一个人,他不怕炎热酷暑,不怕天寒地冻,却整天担心天会塌下来。他想如果有一天,天真的塌下来,他就没有地方来躲藏了。为了这件事,这个人每天都睡不着觉,甚至吃不下饭。他每天都在苦思冥想,当天塌下来后,自己要躲藏到什么地方。后来,有位智者知道他每天担忧的缘由后,告诉这个人,天空是由大气组成的,它是不会有塌下来的那一天的。听了智者的解释后,他这才不再担心了。

世上本无事,庸人自扰之。倘若杞国的这个人懂得放下,不再为一些无关紧要的小事而烦忧,相信也不会有这样的烦恼了,自然

就能够抓住幸福和快乐了。

　　放下,是为了更好地拾起;放下,是为了更好地活着;放下,才能让人重获新生。

　　从前,山上有一座寺庙,庙里有一位有着大智慧的住持。一天,一个刚来这个寺庙没多久的小和尚正扫着寺院,突然发现院里的枫叶一片片地开始往下落了。于是,这个好奇心非常浓的小和尚连忙跑去找住持,并问他:"师父,枫叶这么漂亮,为什么会掉下来呢?"

　　住持听了小和尚的话,笑着说:"那是因为冬天快要来了,枫树支撑不了那么多的枫叶,所以只好放下一部分枫叶。这不是抛弃,而是一种放下。"

　　没过多久,冬天便到了。寺院内的和尚们纷纷把院中的水缸倒着扣过来,小和尚十分疑惑,于是问师兄:"水缸里的水好好的,还能喝呢。为什么把水缸里的水倒掉呢?"

　　师兄听了小和尚的话,笑着说:"那是因为冬天来了,天气太冷了,这么冷的天气会让水结成冰并膨胀,这样一来,就会把水缸撑破。所以要把水缸里的水倒干净。这不是舍弃,而是一种放空。"

　　没过多长时间,天空下起了罕见的大雪,厚厚的一层,压在枫树上,把枫树的树枝都压弯了。于是,住持命令和尚们把枫树弄倒。这时,小和尚感到十分奇怪,他好奇地问住持:"师父,枫树好好的,为什么让师兄们弄倒它呀?"

　　住持脸色平静地说道:"你看看,大雪都把枫树的树枝压弯了,再不放倒,就把枫树的树枝压断了。这不是放倒,而是放平。这么做是为了保护枫树,让它先躺下来休息一下,等大雪停了,再将枫树扶起来。

放下执着，人生才会更灿烂

做人，不能过于执着。倘若人们太过执着，一味地想尽办法去获得，就很有可能会失去原本拥有的东西。放下是一种对生活的彻悟，有时，放下执着之心，人生才会更加圆满；放下执着，人生才会开出美丽的花朵。

有一个小和尚要和大和尚一起下山去集市上采购粮食，由于寺院里的粮食只够维持一天，他们必须在明天之前把粮食运回寺院里，否则全寺的人就得挨饿了。下山的路有两条：一条是近路，只需要沿着山路下山，再穿过一条大河就可以到达集市。不过，这条大河上面只有一座很久都没有修过的、破旧的独木桥，不知道什么时候，这座独木桥就会断掉。还有一条是远路，虽然路上没有什么危险，但是路程比较远，需要绕过一座大山，并走上很长一段时间的路才能到达集市。如果走这条远路，那么，来回需要花费一天半的时间，这样一来就无法在规定的时间内将买到的粮食运回寺院了。所以，小和尚和大和尚下山时选择了走近路。

下山后，他们走过独木桥，穿过那条大河，来到了集市上最常去的那家米粮店，并买到了寺院的人一周所吃的粮食。之后，他们抬着这些粮食打算还是走近路回到寺院。大和尚和小和尚来到那条

大河前，细心的小和尚发现独木桥的中间部位有一丝断裂的迹象。于是，他连忙叫住大和尚，并指着桥的断裂处对他说："师兄，你看，独木桥的中间部位有断裂的迹象，我们今天还是走远路回去吧。现在走远路也能及时将粮食运回去。"

大和尚顺着小和尚所指的方向果然看到了一丝断裂的痕迹。但是，此时大和尚已经十分疲累，他不想再绕远路了，依然执着地坚持走近路。大和尚对小和尚说："走远路，不行，太远了，而且我们已经走到这里了，穿过这条河，再沿着山路上去就能到达寺庙了，可是，如果现在绕回去走远路，就太浪费时间和精力了。所以，我们还是走近路吧，没准这个独木桥还能够坚持到我们走过去。"

小和尚知道师兄已经陷入了执着的思维里，清楚自己多说无益，于是赶紧捡起一个石块，朝着独木桥中间快要断裂的部分投去，只听"砰"的一声，独木桥断了。而断裂的独木桥落入大河中，随后就不见踪影了。"一个石块竟然让独木桥断裂了？"大和尚惊呆了，随后他既为自己不必要的执着而惭愧，又暗自窃喜自己躲过一劫。

之后，大和尚便和小和尚返回去走远路。在回去的路上，大和尚感激地对小和尚说："师弟，今天多亏你投石问路，不然我可就葬身河底了。其实，当时我也不明白自己怎么了，不管怎样都不想回头走远路。一想到走远路，就感觉自己太累了，快要走不动了，甚至宁愿冒险也不想回头。我根本没有想到独木桥会真的断裂。你说，我当时怎么会那么固执呢？"

小和尚意味深长地说："师兄，其实回头并不难，只要你放下自己的执着即可。"

的确如此，有时，只要懂得放下执着的心态，回头并不是多么难的一件事。在人生的道路上，很多时候，我们都会面临这样或那样的选择，有的人在该执着的时候没有执着，却在不该执着的地方过于执着，结果导致自己的人生痛苦不堪。

其实，在日常生活中不管是对待工作和生活，还是对待感情和婚姻，都要懂得放下自己过于执着的心，才不会让自己钻入牛角尖而不能自拔。有位哲学家曾说过："世事如棋，不执着才是高手。"人生亦是如此，过于执着，会让人们产生太多的烦恼与忧愁。当碰到墙壁之时，不要有"不撞南墙不回头"的想法，非要碰得头破血流才罢休，不妨转过身，走另外一条路，那么，你将会看到另外一番与众不同的风景。

黄海生是一名工程师，他有一个相恋两年的女朋友，两人相约一年后结婚。然而，就在半年前，他的女朋友爱上了另外一个男子，她迅速和黄海生分手，并和那个男子选择了闪婚。这一打击让黄海生一病不起。虽然黄海生的家人百般开导他，但是黄海生就是看不开、放不下。他想不明白，为什么他和女朋友的关系那么好，二人也从来没有发生过矛盾，她却选择和自己分手，并嫁给了其他人。

后来，一位得道高僧正好来到黄海生所在的家乡。当黄海生的家人得知这一消息后，他们连忙将这位得道高僧请到了家中，并请他开导一下黄海生。这位高僧给黄海生讲了这么一个故事：

从前，有一名漂亮的女子遇害，她被一丝不挂地扔在了草地上。后来，一个路人从这里走过，他看了一眼地上的女子，叹息地摇了摇头，就走了。过了一会儿，又有一个路人从这里走过，他看了一眼倒在地上的女子，眼中闪过了一丝遗憾和可惜，于是，他将

你为什么勤劳而**不幸福**

身上的衣服脱下来,并盖在这位死去的女子身上。然后,这个路人就走了。又过了一会儿,第三个路人从这里走过,他看到倒在草地上死去的女子,心中闪过一丝怜惜,于是他用自己的双手挖了一个坑,小心翼翼地将这名女子的尸体放了进去,并掩埋了。

之后,这位高僧对黄海生说:"这个故事中死去的女子就是你女朋友的前生,而你就是将衣服搭在那名女子身上的第二个路人。为了感激你,这名女子决定今生成为你的女朋友,来还你这份恩情。然而,这名女子最终要报答的是将她掩埋的第三个路人,而这个人就是她如今的丈夫。"

黄海生听完高僧的话后,顿时醒悟。之后,他放下了自己的执着之心,并真心地祝福自己的前女友找到了真爱,没过多久,他的心病也痊愈了。后来,黄海生也找到了和自己共度一生的女子,并过上了幸福的生活。

如果黄海生一直放不下自己的执着之心,一味地钻牛角尖,那么,他就很难走出这段失败的恋情,自然也就无从开始新的生活了。

执着之害犹如毒药,当你过于执着一些不该执着的东西时,你就会陷入到无限的痛苦之中。学会放下一些不该执着的东西,才能够开始一段新的生活。所以,要想过上新的生活,开始一段幸福的旅程,人们就要学会放下。放下自己的执着之心,你会发现人生是如此的美好。

Chapter 7

怎样保持幸福的心态

　　幸福是一种心态，只有你的心态阳光了，你才能拥有强烈的幸福感。首先，要保持平常心，做到"不以物喜，不以己悲"。其次，要放下盲目攀比、嫉妒等消极情绪。再次，要学会知足，常言道"知足者常乐，能忍者自安"。最后，要学会宽恕他人，并有一颗豁达的心。

1
保持平常心，让幸福来敲门

马祖道一禅师曾说过这样一句话："平常心是道。"那么，到底什么是平常心呢？其实，平常心是一种和谐的人生态度，也是人们谋求心理平衡的一种重要方式。说到底，平常心是人们立足于社会的一种处世哲学，它与人们处理日常事务的心态有关。

人生匆匆数十载，时光如白驹过隙。在人生的长河中，人们凡事应该想开，保持自己心理的平衡，处变不惊，时刻保持平常心，这样才能使自己的人生过得安详和幸福。

一位哲人曾说过："大部分的人都在尘世的利益得失中穿梭，由于他们囿于浮华的宠辱，就难以做到'不以物喜，不以己悲'，难以做到一心一用，因此他们在尘世的浮华中迷失了自己，失去了平常心。"其实，人们生活在尘世，难免流于世俗，关键在于不丧失自己的本性，能够时刻做到自省，一旦发现自己的心理失衡，就要立即调整自己的心态，努力保持自己的平常心。

事实上，一个拥有大智慧的人，很容易能够感受到生活中的点滴幸福。这是因为，真正的智者能够以一种积极的心态入世，并以这样的心态在看尽人间百态以后，仍然保持着平常心，所以，他们能够做到"不以物喜，不以己悲"，能够做到荣辱不惊。虽然世事无常，但是没有任何事情能够羁绊住他们，因为他们一直以超脱

物外的心境来对待世事,自然就能够达到"本来无一物,何处惹尘埃"的超然境界。

然而,现实生活中,很多人做不到这一点,他们处于徘徊、犹豫的关口,或者骄傲自大,或者愤世嫉俗,或者自怨自艾,根本无法保持自己的本心,自然也就无法保持平常心了。尤其在现代社会中,不少人以金钱来衡量一切,好像除了金钱外,已经没有其他什么东西可以作为判断价值的标准了,这样的心态又如何能摆脱名利之剑的危害,来做到保持平常心呢?

平常心是一种常态,更是一种顺其自然、不违背自然规律的行事规则。保持平常心,就是能够坦然面对生活中的得与失,坦然面对人生的成败;保持平常心,就是把名利、权势看得淡一些,能够以一种旁观者的角度来看待发生在自己身上的各种事。

在一座古寺中有一位精通佛法的住持,他有三个徒弟。一天,住持指着寺院门口的两棵树,对自己的三个徒弟问道:"这里有两棵树,其中一棵树是枯萎的,另一棵树是旺盛的,你们说,到底是枯萎的树好,还是旺盛的树好?"他的大徒弟说:"旺盛的树好,因为它有生命力。"住持听后,摇了摇头。

他的二徒弟见状,想了一下,说道:"枯萎的树好,因为它历经风雨,看过太多的世事无常,快要走完自己的一生了。"住持听后,也摇了摇头。

他的小徒弟微笑着说:"枯萎也由它,旺盛也由它。"住持听后,赞赏地点了点头。后来,住持将自己的衣钵传给了小徒弟。

其实,无论你选择什么,都会产生得失心,这样就无法保持平常心了。对待世间万物,要用一颗平常心去看待它,荣也由它,枯也由它,不着苦乐而持中道,一切随缘,这样自然就能在得失之间不丧失本性。

平常心是清净心。真正的智者会看淡身外之物,对待功名利禄保持一颗清净心。任世事变化无常,荣辱沉浮,能看穿名利、成败、荣辱,无愧于人,无愧于心,保持内心的清静平和、洒脱淡然,便能获得安详自得、幸福安适。然而,现实生活中很多人无法保持平常心,很多时候他们就像下面这则故事里的猴子那样变得十分可笑。

一天,百兽之王老虎要出远门,但是它担心自己不在的这段期间山林里会出现什么事情,因此它需要一个助手在它外出的这段时间来代理山中的事务。老虎思来想去,最后认为猴子聪明机灵,既不像狐狸那般狡猾也不像狼那般好战,应该可以将山林里的事情处理得很好,因此它将猴子叫来,对猴子说:"我外出不在山林的这段时间,山上的一切都交给你管理吧。"

猴子一听让自己做代理大王,感到有些困难,但是百兽之王的话他又不能不听。猴子想自己平时在山上自由自在地游荡惯了,喜欢四处攀爬,和自己的同伴们一起戏耍,现在要让自己做代理大王,一时间真的很难找到老虎那种威严的感觉。这只猴子便开始想办法,后来,它想到自己虽然不能变成老虎,但是至少自己可以模仿老虎的神态和举止,揣摩老虎的心理,尽量让自己显得威严,让其他动物在自己的震慑下能够踏踏实实地按照山中的规矩生活。

猴子的这种办法的确很有效,不久,它就将老虎的神态、说话的口吻以及那种威严的感觉模仿得十之八九了。以前和它一起玩耍

的猴子都对它敬重有加,并推举它做猴子中的大王,它对自己的状态也十分满意,因为森林中的动物见了它,没有一个不诚惶诚恐、放低姿态的,猴子不禁感慨道:"做大王的感觉真好啊!"

过了一段时间,老虎办完事情回来了,猴子开始苦闷起来,它发现从前围绕在它身上的光环全部不见了,自己又变成了一只平凡的猴子,但是无论它怎么努力也变不回从前的样子了,就连同伴们也开始讨厌它,疏远它,因为它还是端着一副大王的架子,对伙伴们呼来喝去,喜怒无常。

猴子感到十分孤独和痛苦,它对自己的同伴说:"你们为什么不能理解我,不能尊重我呢?不管怎么说我也是曾经做过大王的,只是现在让我一下子恢复到从前的状态实在是太难了,我这种痛苦,你们是不能理解的!"这时,一只小猴子天真地说:"你说这些话的时候,还真是像大王呢!"

看完这个故事,你是不是认为故事中的猴子很可笑呢?不过,在你嘲笑这只猴子之前,先扪心自问一下:自己是不是也曾因为一时的风光而得意过,甚至不将其他人看在眼里,忘了自己的身份了呢?自己是不是也曾因为一时的成功而骄傲,开始摆领导的架子,甚至耍领导的威风了呢?如果没有,说明你保持着一颗平常心,能够冷静、清醒地看待各种事务。如果有,那么请牢记一点:不管取得多大的成功,都只是一时的,切勿因为一时的成功而迷失了本心,一定要保持一颗平常心,看穿名利皆身外之物,以清静之心来面对这一切,那么,你自然就能够看庭前花开花落,望天空云卷云舒,做到荣辱不惊,也能让自己的心灵获得幸福与安逸。

拒绝负性攀比，不再盲目比较

有一位哲学家曾说过这样一句话："生活的累，一半源于生存，一半则源于攀比。"的确如此，在现实生活中，有一些人总是拿自己拥有的东西和别人进行攀比，一旦别人拥有的东西比自己多或者比自己好，就会陷入一种"比上不足"的嫉妒中，结果不仅迷失了自己的本心，而且还会让自己变得疲惫不堪。

俗话说："人比人，气死人。"正如世界上没有完全相同的两片叶子一样，当然也没有和自己完全一样的人。盲目地拿自己和别人比较，会得出不客观的结果，如果比赢了，就容易产生自满的情绪，如果比输了，就很容易产生自卑的情绪。那样不客观的攀比又有什么意义呢？

在心理学中，盲目攀比也被称为负性攀比，这种攀比会让自己陷入思维的死角，并产生巨大的心理压力，与此同时，心态也会陷入自我膨胀或者自我否定的怪圈之中，倘若任由这种心理发展下去，将会对人们自身产生很大的危害。

王海亮是一个内向而自卑的人，由于他受教育的程度不高，其有限的知识使他不能很好地胜任工作，并在工作中十分吃力，所以没过多久，他就被辞退了。

你为什么勤劳而**不幸福**

没有一技之长，社会阅历不丰富，再加上被辞退，王海亮变得更加自卑了。当看到自己身边的朋友一个个比自己混得好，甚至有些学历不如自己的人也超过自己时，他的内心好像藏着一只野兽一样，不时地撩拨着他，让他无法静下心来。万般无奈之下，王海亮找到了心理咨询师，并寻求他的建议。

心理咨询师告诉王海亮，不要盲目地去和别人进行比较，因为你身上也有值得别人学习的地方。当王海亮询问具体应该如何做时，心理咨询师告诉他："你可以每天投入更多的时间来学英语、看书、读报纸等，保证自己每天进步一点点。你可以每天和过去的自己比一下，今天我又学会了什么，又懂得了什么，那么，慢慢地你会变得更加自信。而且，知识的积累不仅会使你变得更加成熟，还有利于你找到一份好的工作。"

之后，王海亮便按照心理咨询师的建议每天学一些新的知识，每天都和过去的自己比较一下。就这样，没过多久，王海亮便找到了一份不错的工作。在工作中，王海亮依然坚持每天学习新知识，每天都进步一点点，在与自己的正性攀比中，王海亮变得越来越自信，逐渐走出了自卑的阴影。

一年后，王海亮再次来到心理咨询室，与上次不同的是，这一次他神采奕奕，西装革履，眉宇中带着一种自信。他这次来心理咨询室的目的就是感谢心理咨询师，因为他让自己重获新生。

由此看来，盲目攀比是不可取的，它只会让人陷入自我否定的旋涡，陷入一蹶不振之中。那么，当人们陷入负性攀比（也可以说是盲目攀比）时，又该如何来调节这种情绪呢？

心理学家表示，当人们陷入负性攀比的消极情绪时，要合理地规避这种情绪，并通过积极的自我调节将这种负性攀比转化为正性攀比，这样才能摆脱消极的思想，摆脱压力的束缚，并轻装前进，与幸福牵手。具体而言，将负性攀比转化为正性攀比的方法有以下三种：

第一，通过自我暗示或者自我肯定来增强个体的心理承受能力。

自我暗示是一种十分有效的心理调节技巧，它是指个体通过对预期目标的积极描述，摆脱负面的、否定的消极思维，从而坚定内心中的积极认知。可以说，恰当而合理的积极认知可以在短时间内增强人们的心理承受能力，并改变人们消极的生活态度。当看到别人比自己优秀并在内心中产生落差时，可以暗示自己"我也很优秀"，久而久之，自己就会在这种积极的自我暗示下变得越来越优秀。

第二，在日常生活中尽可能地减少盲目的横向比较，应增加理性的纵向比较。

所谓的横向比较是指人们与周围的人进行比较，虽然这可以让人们找到自己的缺点，并加以改正，但是，盲目的横向比较却很容易使人陷入负性攀比的误区，从而产生消极的心理暗示。而纵向比较是指人们拿今天的自己和昨天的自己比较，每天进步一点点，以进步的积极心态来鼓励自己，帮助人们建立自信。上述案例中，心理咨询师便是按照这一方法让王海亮走出攀比的误区，并变得自信的。

第三，增强自己的实力，战胜负性攀比。

心理学家表示，人们之所以产生负性攀比，在很大程度上是因为个人的实力没有达到自己的预期目标，这往往会导致个体缺少信心，心理无法保持平衡，与此同时还会产生一些消极的负面情绪。

所以，人们要想克服负性攀比，就要增强自身的实力。在上述案例中，心理咨询师就建议王海亮每天都学习一些新知识，这样一来，自身的实力就在每天的学习中得到了提高。实力的增强让王海亮变得更加自信。

总之，盲目的攀比对人们是十分不利的，它会让人们陷入负面情绪的旋涡之中，甚至还会让人迷失自己，倘若不及时纠正，很有可能会造成一些无法预知的后果。而要想不再盲目进行攀比，就要学会将负性攀比转变为正性攀比，这样才有可能与幸福牵手。

3

学会知足，知足是福

老一辈的人经常告诫后辈："你们要学会知足，知足是福。"的确如此，人们要想得到幸福，就必须学会知足。俗话说："知足者常乐，能忍者自安。"这句话就是教育人们要学会知足。当真正做到知足后，人们会发现自己的人生多了一些快乐，多了一些从容，多了一些豁达。知足常乐，其实就是告诫人们莫贪婪，常知足，这样心里才会是乐观的、幸福的；反之，倘若人们贪得无厌，不知满足，就会很容易陷入焦虑、痛苦等负面情绪之中，这样又怎能感受到幸福呢？

在古代，人们所追求的"布衣桑饭，可乐终生"就是一种典型的知足常乐的态度。诸葛亮在隆中隐居十年方才悟出"非淡泊无以明志，非宁静无以致远"的道理，这其中蕴含着其知足常乐的淡泊高雅之志；陶渊明正是因为知足常乐才吟诵了"采菊东篱下，悠然见南山"的千古名句。由此看来，人们应该知足，只有学会知足，才能保持淡然的心境，并在淡然之中体会到幸福的真谛。

明朝的时候，有一个名叫胡九韶的人，他的家境十分贫寒，他一边努力耕种，一边教书，这样才勉强维持生计。然而，尽管生活如此困苦，他依然每天都到门口焚香，以此来感激上天赐给他的清

福。他的妻子对其行为表示不解,于是问道:"我们每天如此辛苦地劳作,这才勉强能吃饱,每天能喝一点儿菜粥,这样又怎么算是享清福呢?"胡九韶说:"首先,我们生在太平盛世,没有天灾人祸,没有遭遇战争;其次,我们全家人不用挨饿受冻,每天都能有衣穿,有饭吃;最后,我们家里没有人生病,也没有人坐牢,这难道不是享清福吗?"

胡九韶之所以能够感受到幸福,并认为自己是在享清福,关键是他有一颗知足常乐的心。知足是一种处世的态度,而常乐是一种乐观的心态。知足常乐是一种达观豁达的人生态度。当人们遭遇挫折或者迷失方向时,不妨尝试以"知足常乐"的心态来面对人生,那么你就能够在一团迷雾中寻找到前进的方向。

然而,在现实生活中,很少有人能真正做到知足常乐。大多数人都在羡慕别人手中的东西,希望自己也能像别人一样拥有财富、权势、健康等,殊不知,在你羡慕他人的时候,你也正成为别人羡慕的对象。比如,一个年轻人羡慕隔壁的富翁拥有万贯家财,殊不知,这位年老的富翁却在羡慕年轻人拥有健康的身体;单身一族羡慕结婚人士拥有幸福温馨的家庭,殊不知,不少结婚人士正在羡慕单身一族拥有的自由与洒脱;普通人羡慕明星们的光鲜与亮丽,殊不知,不少明星却在羡慕普通人的自在。芸芸众生,大多数人都在羡慕他人,却忽略了自身拥有的美好。

老子说过:"祸莫大于不知足,咎莫大于欲得。故知足之足,常足矣。"人们应该学会知足,不要盲目羡慕别人拥有的东西,要感激自己已经拥有的东西,这样你才会得到幸福。

近代的弘一法师就是一个真正知足的人。他对于物质十分淡泊，比如，他的一条毛巾用了十多年了，破破烂烂的，当别人建议他换一条时，他却说："还可以用呢。"他的一件衣服穿了许多年了，衣服破了，他就缝一个补丁，几载下来，衣服上有了不少的补丁，有人劝他："大师，您该换一件新的衣服了。"可是，弘一法师却说："这件衣服还可以穿呢。"

一次，弘一法师外出时，住在一家脏乱且狭小的旅馆，不仅如此，这家旅馆还有很多臭虫。当随行的人建议他换一家旅馆时，弘一法师淡然地说："没关系，只有几只而已。"吃饭时，弘一法师只有一小碟萝卜干配着白粥，别人看到弘一法师俭朴的生活时，不忍心地说："大师，只有一小碟萝卜干，这也太咸了吧！"弘一法师却笑了笑，并说道："咸有咸的味道。"

咸有咸的味道，一句简单质朴的话道出了弘一法师知足的心态。弘一法师不受物质的束缚，即使物质匮乏也不以为苦，贫苦也好，富裕也罢，不管遭遇什么，弘一法师都能以一颗平常心对待，可以说，弘一法师超然物外的境界造就了他精神世界的富裕以及愉悦。

一位哲学家曾说过："知足的人，虽贫穷亦快乐，而不知足的人，虽富裕亦烦忧。"苏格拉底也曾说过："知足常乐是上帝送给人类最好的礼物，因为知足本身就是一笔莫大的财富。"只有那些真正领悟生活真谛的人，才能够做到知足常乐。而懂得知足常乐的人都是快乐的人，贪婪而不知足的人大多陷于得与失之间痛苦不堪。

很久以前，有一个农夫，家境十分贫寒。他住在一个四面漏风的陋室中，家里只有一张床、一把椅子、一张桌子和一条旧毛巾。冬天到了，凛冽的寒风呼呼地从外面灌入，冻得农夫瑟瑟发抖，只能躲在角落里打哆嗦。农夫心想："如果能有人给我一杯热水就好了。"过了一会儿，农夫又幻想着："如果上天能够赐予我一床温暖的棉被，那该是多么幸福的一件事啊！"又过了一会儿，农夫的肚子饿得咕咕直叫，他幻想着："如果上天能够赐予我一顿美味的晚餐，那该是多么幸福的一件事啊！"

没过多长时间，佛陀似乎听到了农夫的心声，于是来到了农夫的身边。看着冻得瑟瑟发抖的农夫，佛陀起了一丝怜悯之心，他问道："你现在很冷，是吗？"农夫回答说："我现在不仅很冷，还十分饥饿……"佛陀听后，想了想，便施法变出了一个有魔力的口袋，并对农夫说："这是一个神奇的口袋，有了它，你便可以源源不断地从里面拿出金子，并用这些金子买一些食物、衣服，还可以修建一下房子。但是，如果你停止从口袋里拿出金子，那么，这个口袋便不再有魔力了，这时，你便不能从口袋里拿出金子了。"说完，佛陀将口袋送给农夫，便走了。

农夫看着佛陀留下的口袋，十分高兴，他立即从口袋里掏金子，拿出来一看，佛陀果然没有骗他——这个口袋确实能变出金子。农夫十分兴奋，他连忙不停地从口袋里掏金子。一天过去了，农夫不吃不喝，手不断地从口袋里掏出金子；两天过去了，尽管农夫又冷又饿，但他没有拿金子去买食物和衣服，而是依然不停地做着掏金子的动作；三天过去了，这时，农夫已经饿得眼冒金星，但他依然没有停止掏金子的动作。

半个月过去了，佛陀突然想起那个贫穷的农夫，心想："农夫现在肯定过上好日子了。"于是，他决定去探望一下农夫。当佛陀来到农夫的家门口时，看到没有什么变化的简陋房子，他感到十分疑惑。他推开农夫的家门，看到农夫的家里堆满了金子，而农夫却早已饿死在家中了。

通过这个故事，人们可以得到一点启示：不知足往往会自食恶果。农夫正是因为不知足才导致最后的死亡。如果故事中的农夫没有那么贪心，他从口袋中拿出可以改善自己生活的金子后就收手，那么，从此农夫就可以过上舒适的生活了。所以，人们要学会知足，做一个知足者。当人们学会知足后，便能以乐观、理智的态度来面对生活中的种种困难、诱惑等，这时，便可以在喧嚣的尘世中享受一份安然而恬淡的幸福。

你为什么勤劳而**不幸福**

4

摒弃消极心态，沐浴幸福阳光

某位哲学家曾经说过："心态是人真正的主人。"这句话说的是人们的心态对于自身的重要性，所以不要小看心态对人的影响。倘若人们以消极的心态来对待生活，就会觉得生活一片灰暗，这时，你很有可能每天都在感叹自己命途多舛，哀叹自己的命运。然而，如果人们能够以积极的心态来面对生活，那么生活就是一片阳光，这时，你会欣赏到人生路上的鸟语花香，并感受到生活中的点滴幸福。

积极的心态，可以让人们变得乐观豁达；积极的心态，可以让人们战胜苦难与挫折；积极的心态，可以让人们看淡得与失，并理智而客观地对待生活。可以说，积极的心态可以让人们与幸福相拥。

在现实生活中，很多人为自己的失败找各种各样的借口，比如，盲目地认为导致自己失败的原因是自己所处的环境，然而，影响人们的绝不是环境，而是心态。倘若人们拥有积极的心态，即使面对人生的逆境，也能顺利躲过暗礁，成功抵达目的地。倘若人们拥有消极的心态，即使人生顺风顺水，依然会认为自己的人生不完美。所以，人们要摒弃消极的心态，这样才有可能取得成功，并过上幸福的生活。

詹姆斯·米尔格拉姆是美国《纽约时报》的一个著名记者，一天，他奉命采访一家大企业的总经理杰克·佛罗姆。在采访时，他发现，杰克·佛罗姆虽然有一个冷酷无情且毒瘾很深的滥赌鬼父亲，但是，他却并没有受到父亲的任何负面影响，反而是从小便受到老师的称赞、名列前茅的好学生。长大后，他不仅成立了一家公司，成为一名成功人士，还有一个美丽的妻子和三个可爱的孩子。

詹姆斯·米尔格拉姆问道："你为什么能够取得如此的成就呢？"

杰克·佛罗姆回答道："正是因为我有一个毒瘾很深的滥赌鬼父亲，所以我明白，只有靠我自己才能改变这一切，并过上幸福的生活。因此，从小我便努力学习，拼命地吸收知识来强化自己，避免自己走上父亲的老路。"

杰克·佛罗姆的话让詹姆斯·米尔格拉姆十分佩服。然而，让詹姆斯·米尔格拉姆震惊的是，在之后的采访中，他无意中了解到，这位成功人士还有一个正在坐牢的双胞胎弟弟——保罗·佛罗姆。

于是，詹姆斯·米尔格拉姆来到保罗·佛罗姆所在的监狱。他向狱警了解情况后得知，保罗·佛罗姆和他的父亲一样有很大的毒瘾，而且他从小便和一些小混混厮混在一起，抢劫、勒索、偷窃，坏事做尽，这已经是六进宫了，可是，保罗·佛罗姆却没有任何悔意，依然我行我素。

詹姆斯·米尔格拉姆在采访保罗·佛罗姆时问了一个类似的问题："你为什么会落得如此的地步呢？"

保罗·佛罗姆回答说："正是因为我有一个冷酷无情且毒瘾很深的滥赌鬼父亲，在他的影响下，我开始染上毒品，可是身上没有买毒品的钱，所以我开始通过抢劫、偷窃、勒索等途径来获

得金钱。不过，很不幸，这已经是第六次被警察逮住并关进监狱了……"

通过对杰克·佛罗姆和保罗·佛罗姆这两兄弟的采访，詹姆斯·米尔格拉姆陷入了思考：同样是处于一个恶劣的环境，为什么杰克·佛罗姆从小便品学兼优，长大后成为一名成功人士，而他的弟弟却沦为一个小混混，并多次走进监狱呢？经过分析，詹姆斯·米尔格拉姆认为，这主要是由两个人的心态造成的。虽然同处于一个非常恶劣的成长环境，但是，哥哥杰克·佛罗姆却拥有积极的心态，内心中有着强烈的想要改变现状的愿望，所以他从小便非常努力。而弟弟保罗·佛罗姆则抱着"破罐子破摔"的心理，这种消极的心态最终毁了他前程。可以说，不同的心态造就了两种完全不同的人生。

佛家有云："物随心转，境由心造，世间烦恼皆由心生。"的确如此，你拥有什么样的心态，就会拥有什么样的人生。当你以消极的心态看待人生时，烦恼便会滋生；当你摒弃消极心态，并以积极的心态来看待人生时，你会发现"柳暗花明又一村"，成功与幸福就在下一个拐角处。

布兰妮的丈夫是美国的一名军人，一天，她的丈夫接到上级的命令，要到沙漠的一个陆军基地去接受训练。于是，布兰妮陪伴她的丈夫一起来到了沙漠的陆军基地。白天，当布兰妮的丈夫接受训练时，她就独自待在沙漠的帐篷里。可是，由于沙漠的温度十分高，白天最低的时候也有华氏125度，这让布兰妮感到难以忍受。再加上她在沙漠中也没有可以聊天的朋友，因为当地人都是一些土著人,他们都不会说英语,所以,布兰妮没有办法与他们沟通,这让布兰妮十分痛苦。于是,布兰妮给自己的父母写信,不仅将自己的苦闷与痛苦告诉了父母,还对父母说,她想要离开这个鬼地方,想要回家。

接到女儿的信后,布兰妮的母亲想了想,在信中写了一个小故事,没想到这个小故事却让布兰妮的生活有了翻天覆地的变化。布兰妮的母亲在信中是这样说的:

"有两个心态完全不同的人被关进了监狱,夜晚,他们从监狱的铁窗往外面望去,一个看到的是一片漆黑,另一个看到的却是漫天的星星。"

布兰妮反复地看着母亲寄来的这封信,内心十分震撼,她决定自己也要在沙漠中寻找属于自己的"星星"。于是,她开始以积极的心态来面对自己遭遇的这一切。当丈夫出去训练的时候,布兰妮就开始和当地的土著人交朋友。尽管语言不通,但是布兰妮微笑的脸庞让当地的土著人感觉到了友善。所以,这些土著人将自己从来都不卖给游客的纺织品以及陶器送给了布兰妮,这让布兰妮十分开心。看着土著人送来的这些精美的纺织品、陶器,布兰妮不禁被他们高超的技艺所折服。之后,在土著人的帮助下,布兰妮又学到了很多关于沙漠的知识。比如,对沙漠里的仙人掌有了更深的了解,知道了更多的沙漠植物,了解了沙漠中土拨鼠的习性……就这样,布兰妮开始在沙漠中探险,并逐渐爱上了沙漠。这个原本令布兰妮难以忍受的地方,竟然变成了令她流连忘返的神秘之地。最后,当布兰妮的丈夫训练完成并离开这个地方时,布兰妮对这个地方竟然还心存不舍。

你为什么勤劳而**不幸福**

歌德曾经说过:"人们的幸福,完全取决于心态。好的心态能够使人更容易感受到幸福。"当布兰妮开始摒弃消极心态,并以积极的心态来重新认识这里时,从她内心深处散发出一种积极的正能量,而这种积极的正能量让她开始爱上了这里,并让她充满着幸福感。所以,人们要想在生活中感受到幸福,首先就要摒弃消极心态,并以积极的心态去看待周围的一切,这样才能闻得到鸟语花香,并感受到幸福的存在。

5
放下嫉妒之心，方可拥抱幸福

在现实生活中，经常会出现这样一种现象：不少人看到身边的人比自己优秀或者取得了不错的成绩，便会容易产生一种嫉妒心理，并对其贬低排斥，甚至散布关于他们的谣言。久而久之，这种嫉妒的心理不仅会让人无法与他人交心，还会让人陷入负面情绪的阴霾之中无法自拔。

美国著名心理学家博尔赫斯·柯尔伯格认为，嫉妒是人际交往中的一种较为普遍的消极心理，它不仅会造成人们自信心的缺失，更会给他人造成不可预估的伤害。可以说，嫉妒就像是心灵上的肿瘤，倘若人们的嫉妒心理长时间没有得到消除，那么，它很有可能会发展成癌症，并给自身带来无法想象的伤害。

很久以前，有一个穷人每天都祈祷自己能过上好日子，终于有一天他的心愿被佛祖听到了，于是佛祖来到了他的身边，并对他说："我可以满足你一个心愿，无论是什么心愿都可以，不过，前提是你的邻居会拿到你的心愿的两倍。"刚开始听到这个消息时，穷人十分开心，但是，他仔细一想，发现了一个问题：如果自己要一个房子，那么邻居就会得到两个房子；如果自己要一大箱珠宝，那么邻居就会得到两大箱珠宝；如果自己要一个美女，那么邻居就

能得到两个美女……就这样,穷人越想心里就越不平衡,他不甘心让邻居白白得到好处,最后嫉妒的心理占据了上风,并让他说出了这样一番话:"你还是挖掉我的一只眼睛吧。"

这个故事听起来十分可笑——穷人因为嫉妒邻居,为了不让邻居拿到比自己多的好处,最后宁愿挖去自己的眼睛。现实生活中有很多像故事中的穷人一样存有嫉妒心理的人,这些人看到别人取得一点儿进步时就会拉别人的后腿,并怀着"我既然没有成功,也要让你无法取得成功"的心理。

在很久以前,很多国家都将白象视为国家繁荣的象征,所以这些国家养了不少白象,摩伽陀国也是如此。摩伽陀国的国王养了一群白象,其中有一只白象尤为特别,它全身雪白,皮毛与其他白象相比柔细光滑,不仅如此,这只白象还十分聪明,能够听得懂人们的话语。于是,国王专门为这只白象找了一名驯象师。这名驯象师不仅训练这只聪明的白象,还照顾白象的日常生活。没过多长时间,驯象师和白象已经有了很深的默契。

有一年,摩伽陀国举行了一个盛大的典礼,国王决定骑这只聪明的白象去参加典礼。于是,驯象师在举行典礼的头一天晚上便将白象清洗得干干净净,打扮得十分漂亮。

次日,国王骑着这只白象参加典礼。由于这只白象十分漂亮,且看起来十分有精神,所以,人们连连称赞国王骑着的白象,并尊称它为"象王"。

国王看到自己的风头被这只白象抢光了,既生气又嫉妒,当典礼完毕之后,国王十分愤怒地回宫了。

回到宫中后，国王问："这只白象有什么特殊的才艺展示呢？"驯象师不解其意，问道："国王，不知您所指的是哪一方面的才艺呢？"国王说："这只白象不是十分聪明吗？那么它是否能在悬崖边上展示才艺呢？"驯象师回答说："应该可以。"于是，国王就对驯象师说："那么，明天你就让白象在摩伽陀国和邻国波罗奈国交界的悬崖上表演才艺吧！"

很快，白象表演才艺的时间到了，驯象师按照国王所说的那样将白象带到了摩伽陀国和邻国波罗奈国交界的悬崖上。国王看着白象威风凛凛、毫不畏惧的样子，怒火上来了，于是对驯象师说道："这只白象能够抬起一只脚，只用三只脚站在悬崖边上吗？"驯象师看了一眼白象，并从白象的眼睛里读懂了它要表达的意思，于是对国王说："这很容易，白象可以办到。"然后，驯象师骑在白象的背上，并在白象的耳边说："来，抬起一只脚，用三只脚站在这里。"

白象听了驯象师的话，乖乖地抬起了一只脚，并用三只脚站立在悬崖边上。

国王看到白象如此轻松就做到了自己的要求，心里十分不服气，于是他又对驯象师说："这只白象能抬起两只脚，并只用两只脚站在悬崖边上吗？"驯象师还是询问性地看了白象一眼，看到白象点了点头后，于是对国王说："白象可以做到。"然后，驯象师骑在白象的背上，并在白象的耳边说："来，抬起两只前脚，只用两只后脚站在这里。"

国王看到白象再次轻而易举地做到了，怒火不但没有消退，反而更加强烈了，于是他再次为难白象，并对驯象师说："那么，白象可以将自己的三只脚抬起，只用一只脚站在悬崖边上吗？"

驯象师听到这里,心里已经明白了"国王想要置白象于死地"的意图,于是,他轻声地对白象说:"你要小心一点,现在抬起三只脚,将重心落在一只脚上。"最后,白象还是完成了此次才艺表演。

周围的人们看到白象精彩的表演,纷纷为白象鼓掌,并称赞它为"象王"。国王听到这个称呼,嫉妒的怒火再次占据上风,于是对驯象师说:"这只白象能够连最后的那只脚也抬起,身子腾空在悬崖边上吗?"

驯象师听到这里,轻声在白象的耳边说:"摩伽陀国的国王存心要置你于死地,既然他这样无理,那么我们干脆离开这里吧。"

白象听后,将自己的四只脚悬空,并带着驯象师飞到了对面的悬崖上,来到了波罗奈国的地界。而波罗奈国的人民看到代表着吉祥之意的白象来到了自己的地盘,都十分欢迎,就连波罗奈国的国王也十分开心,他打开城门,并问驯象师:"为何要来到我的国家呢?"驯象师将摩伽陀国的国王因为嫉妒而刁难白象的事告诉了波罗奈国的国王。国王听后,叹了一口气说:"哎,他又何必嫉妒一只象呢?"

由此看来,嫉妒心态不可取,它很容易让人们丧失理智,并做出一些后悔莫及的事情。所以,人们要学会放下嫉妒之心,调整好自己的心态。当人们放下嫉妒之心后,心境自然宽了,幸福便会随之而来了。

在博尔赫斯·柯尔伯格看来,嫉妒之心,人皆有之。想要放下嫉妒之心并不是一件容易的事。而要想做到这一点,首先就要了解嫉妒产生的根源。对此,博尔赫斯·柯尔伯格表示,当看到别人拥有自己所没有的东西时,人们在潜意识中就会想占有这件东西,而当人们无法占有这件东西时，便会产生嫉妒的心理，所以嫉妒的根源就是人们的占有欲没有得到满足。因此，人们如果想要放下嫉妒之心，就必须减少自己的占有欲。只有占有欲减少了，人们的嫉妒心理才不会那么重。其次，要学会转变心态，与其嫉妒他人，不如通过努力取得和别人一样高的成就，甚至有可能超越他人，取得更加优秀的成就。最后，要学会相信自己的能力，用自信来赶走对别人的嫉妒心态。当人们做到以上三点时，自然就能够放下嫉妒之心，并拥有幸福而快乐的人生。

6

宽恕他人，人生自会幸福

宽恕是一种美德。一个人能不能拥有快乐与幸福，不在于他是否拥有美貌，也不在于他是否拥有权势，关键在于他是否拥有一颗宽恕他人的心。当别人无意中冒犯了你或者不小心伤害了你，如果你选择了宽恕，那么你的心灵将会呈现一片阳光明媚的景象；如果你没有选择宽恕而是选择了怨恨或者报复，那么你的人生将会处于黑暗之中，心灵被阴霾所覆盖。古语有云："知错能改，善莫大焉。"既然别人是在无意中犯的错误，你为何不宽恕他们，却让自己的心灵处于阴霾之下呢？

当人们宽恕了他人错误的时候，也就等于宽恕了自己的心灵。这时，不仅会因为宽恕他人而多了一个朋友，还会因为放下了怨恨而让自己的心灵自由，从而收获幸福。所以，要学会宽恕他人，因为宽恕他人就是善待自己。怨恨只会让自己对别人的错误耿耿于怀，并让自己的心灵困在牢笼里；而宽恕却能够让自己的心灵获得释放，从而得到幸福。

有一个年轻人在25岁时被朋友陷害导致含冤入狱。就这样，他在阴寒潮湿、终日不见阳光的牢房里度过了六年的时间。六年后，这个案件终于水落石出——他的朋友因为觉得对不起年轻人而自首，年轻人因此被释放。

当年轻人走出监狱后，他的心灵一直处于怨恨的阴霾之下，对陷害自己的朋友进行咒骂。不仅如此，这个年轻人每看到一位陌生人就将自己的故事讲给他人听："我是这个世界上最不幸的人。在我年少的时候，由于被朋友陷害，被关进了监狱之中。可以说，我这一生最美好的时光都在那间简陋的牢房里度过了。那间牢房的环境真的是十分差劲，简直不是人待的地方——牢房十分狭小，甚至连转一个身都有可能碰到墙壁；那里终日不见阳光，而且冬冷夏热，简直无法让人待下去；更加糟糕的是，牢房里还有很多的苍蝇、蚊子，尤其到夏天，那些蚊虫就在我的身边飞来飞去。而这一切，都是由我最信任的朋友造成的，我真是想不明白，为什么朋友会陷害我呢？即使他现在自首并受到了应有的惩罚，但是，我根本无法宽恕他，即使将他剁成肉酱都难消我心头之恨。"

刚开始时，人们对于年轻人的遭遇十分同情，并耐心地听年轻人诉说他的故事。可是，时间久了，人们渐渐对年轻人的经历有些不耐烦了。人们劝说年轻人要学会宽恕朋友的罪过，毕竟他的那位朋友也因为愧疚而选择了自首并得到了应有的惩罚，但是这个年轻人对于自己含冤待在牢里的那六年时光始终耿耿于怀。这个年轻人不仅不听别人的劝说，反而认为别人不怀好意，根本不理解他。

春去秋来，寒来暑往，转眼六十年过去了，此时，年轻人已经变成了一个年过九十的老年人。此时他已经贫困交加，并身患重病，但是他依然没有宽恕那个朋友，并怀着怨恨的心态走到了生命的终点。在他弥留之际，佛陀因为对他怀有同情之心，于是打算点醒他。

只见佛陀走到这个老年人的病床前，并问他："在你离世前，

还有什么心愿没有完成吗?"老年人说:"我现在只想揍当初陷害我的朋友一顿,并将其千刀万剐。"

佛陀叹了一口气,说:"你因为含冤待在监狱里多长时间?"

老年人愤恨地说:"我足足待了六年的时间,那里终日不见阳光……"

佛陀打断了老年人的抱怨,然后对他说:"那你真的是这个世界上最不幸的人了。"

老年人眼前一亮,仿佛为找到同情自己的人而感到高兴,于是欣喜地说:"你也这样认为?"

佛陀叹息地说道:"我之所以认为你是这个世界上最不幸的人,是因为你只是因朋友一时的思想偏差而在牢里待了六年,但是当你出狱后,原本已经获得自由了,可你却选择了另一种方式将自己囚禁了六十年。虽然你的朋友知道自己错了并选择了自首,还受到了应有的惩罚,但是,你并没有宽恕你的朋友,还将自己囚禁在这个怨恨的牢笼中长达六十年之久,这难道不是世界上最大的不幸吗?"

老年人听了佛陀的话,顿时醒悟了,但是这一切已经太迟了,因为他的生命已经走到了终点,他再也没有机会放下怨恨来继续生活了。

在现实生活中,很多人不明白宽恕他人在人际交往中起着重要的作用。当朋友犯了错误或者做了伤害你的事情时,他们可能不是有意的,可能只是一时的思想偏差,此时的你千万不要像故事中的那个年轻人一样用怨恨将自己的心灵禁锢起来,直到生命的最后才重获心灵的自由。你要学会原谅朋友的错误,并给朋友一次改正的机会,毕竟在茫茫人海中能够成为朋友是一种缘分,为何不宽恕朋友并给朋友改正错误的机会呢?

  宽恕别人,能够让人们的心灵变得轻松,并将人们的负面心态转变为正面心态,从而给人们以正能量。只有学会宽恕别人,才能让自己轻松上路,并在人生的道路上收获别人的尊敬、友谊等,这样一来,你自然会感受到人生中的点点幸福,并且成就自己的幸福人生。

7
豁达做人，方可到达幸福的彼岸

人的一生中，可能会碰到各种各样的挫折或者磨难，有的是可以预料的，而有的是无法预料的，但不管遭遇什么，保持一颗豁达的心，凡事多宽容一些，少计较一些，这样你自然就可以看开了。当人们看开之后，就会发现自己仿佛是沧海一粟一样渺小，任何计较都是没有意义的。如果你的心境达到这一地步，就自然会变得豁达起来，并可以感受到生活中的幸福，到达幸福的目的地。

豁达是一种大度的胸怀，是一种乐观的心态。如果你能够成为一个豁达的人，那么就会很容易到达幸福的彼岸，并过上幸福的生活。豁达是一种对生活的积极态度，是一种对自己、对他人的包容。当人们将自己的一只脚踩在茉莉花的花瓣上时，它却将香味留在了人们的那只脚上，这就是茉莉花的豁达。当人们能够以豁达的心胸来对待他人时，就会领悟到幸福的真谛。

夜晚来临了，漆黑的夜幕下只有寥寥可数的几颗星星和一轮皎洁的明月。一位禅师由于睡不着觉，打算去附近的山林间散一下步。当这位禅师散完步回到禅房时，发现自己的房门大开，可是，他清晰地记得自己在出门前把房门关好了。"难道有人进来了？可是这么晚了，还有谁会来呢？"禅师在心中默默地想着。

禅师并没有立即进屋，而是悄悄地站在房屋门口。他听见里面的不速之客嘟囔着："怎么屋里什么值钱的东西也没有呀？我再仔细找找。"说完，这个不速之客又翻箱倒柜地找了起来。

听到屋内传来的叮叮当当的声音，禅师明白了：原来闯入自己屋子的不速之客是一个小偷呀。禅师心里清楚，即使小偷再怎么找，也不会从自己的屋里翻出什么东西，因为除了身上穿的这件袈裟外，他一无所有。

不一会儿，当小偷两手空空地从禅师的屋中走出来时，他看到了站在房门口的禅师，心一下子变得紧张起来。他害怕禅师将自己送到官府，因为即使没有偷到任何财物，自己的行为也是违法的，仍然会判一定的刑罚。

禅师看到小偷明亮的眼睛，心想："也许眼前的这个人并不是一个罪无可恕的人，我应该再给他一次机会。"于是，禅师脱下自己身上穿的袈裟，并对小偷说："年轻人，我这里实在是太穷了，没有什么东西可以给你，如果你不嫌弃，我可以将这件袈裟送给你，希望它可以为你挡风遮雨。"

小偷听了禅师的话，一把抓过禅师递来的袈裟，慌张地逃走了。看着小偷慌张逃走的背影，禅师抬起头，看着天空中那轮皎洁的明月，自言自语道："希望这轮明月能够照亮他的心。"

一天过去了，小偷并没有什么动静。两天过去了，小偷还是没有什么反应。禅师心想："难道自己的苦心白费了？"

到了第三天，当禅师从屋中走出来时，看到门口放着一件洗得干干净净并折叠得整整齐齐的袈裟。

禅师将袈裟拾起，并端详着这件袈裟，欣喜地说道："看来，那轮明月真的照亮了他的心。"

由此看来，豁达的胸怀不仅可以照亮自己的人生，还可以照亮他人的人生。

俄国著名作家契诃夫说过这样一句话："如果人们的手上扎进了一根刺，此时人们不应该难过，而应该庆幸这根刺没有扎在眼里。"当你遭遇磨难时，如果能够以如此豁达的心境来看待磨难，那么，还有什么过不去的呢？当别人无意中得罪你时，豁达大度一些，你的心境就会变宽，自然也就能够感受到幸福了；倘若你一味地偏执狭隘，那么你的心境就会变窄，这样就很难感受到幸福了。

春秋时期，楚王在宫中举办了一次盛大的宴会，并邀请了许多大臣来参加这次宴会。宴会期间，舞女在台上展现自己曼妙的身姿和悦耳的歌声，烛光摇曳，大臣们在这种美妙的气氛下尽情地品尝美酒，每个人都喝得不亦乐乎。

宴会到了高潮的时候，楚王由于十分开心，便让自己最宠爱的妃子许美人向大臣们一一敬酒。就在许美人敬酒敬到一半的时候，一阵大风刮来，吹灭了宴会上的所有蜡烛，顿时漆黑一片。有一位大臣可能是喝多了，趁机偷偷地调戏许美人。许美人一把扯掉了这位大臣的帽带，并匆忙回到自己的座位上。

许美人悄悄地对坐在身旁的楚王说："刚才有位胆大包天的大臣趁着黑暗调戏我，我扯断了他的帽带。你赶紧叫人把蜡烛全部点亮，看看哪一位大臣的帽子没有帽带，就知道是谁调戏我了，到时候你一定要重重地惩罚这位胆大包天的大臣。"

楚王听了自己宠妃的话，连忙叫自己的手下暂时不要点蜡烛，并且对大臣们说："今晚，我要和在座的各位彻夜痛饮一场，一定要一醉方休，所以，大家都把自己头上的帽子脱掉来痛痛快快地喝酒。"

于是，大臣们都脱掉了自己头上的帽子，这样一来，就看不出到底是谁的帽带断了，更加无从判断到底是哪位大臣调戏了许美人。这让酒醒后的那位大臣对楚王的大度十分感激。

几年后，楚王率兵攻打邻国。在战场上，有一位大将率领着不到千人的队伍冲在战场的最前线，他拼命地奋勇杀敌，带领着自己的队伍过五关斩六将，为后面的大军开路。最后，这位大将终于带着自己的队伍杀到了邻国的都城取得了胜利。

楚王赏赐在此次作战中奋勇杀敌的将领时，不禁好奇地问他："你在战场上为何会如此拼命？"这位将领说："当年，您在宴请大臣时，以豁达的胸怀宽容了我酒醉后的无礼行为，让我对您十分感激。当时我便在内心发誓一定要报答您，并终生效忠于您。"

由此看来，豁达的胸怀可以让人们赢得别人的尊敬、爱戴、忠诚等，而这不仅可以让人们拥有好的人缘，帮助人们走上成功之路，还可以让人们离幸福的人生更近一步。

俗话说："人非圣贤，孰能无过。"我们在不小心犯了错误时，都希望得到别人的宽容。将心比心，在别人犯了错误时，我们为何不能以豁达的胸怀来原谅别人的错误，给他们一次改正的机会呢？楚王以豁达的胸怀原谅了那位大臣的无礼行为，最后他收获了一员猛将的忠诚；故事中的那位禅师以豁达的胸怀原谅了那个进自己屋中行窃的小偷，最后使得这个小偷改过向善。当人们以豁达的胸怀来原谅周围的人后，就会发现生活是如此的美好，人生是如此的绚丽多彩。所以，豁达做人，人们将会躲过人生路上的暗礁，并顺利到达幸福的彼岸。

Chapter 8

欲望少一点
幸福就会多一点

  俗话说："祸莫大于贪欲，福莫大于知足。"索提禅师也表示，"过度的欲望是阻碍人们走向幸福的拦路虎。人们要学会'修剪'欲望，不要让欲望的潮水迷失了自己的本心，从而忽略了身边的幸福。"的确如此，欲望是永远不能被满足的，如果人们放任自己的欲望横行，那么很容易陷入欲望的深渊，并与幸福无缘。所以，人们要学会适当地控制自己的欲望，这样才能看得清身边的幸福，并拥抱幸福。

1
降低欲望值，增加幸福感

　　幸福是一种心灵感受，而一个人要想让自己的心里感受到幸福，并不是一定要让自己内心的各种欲望都得到满足，因为人的欲望是无止境的，当欲望占满了人的心灵时，感受幸福的空间就被压缩了，这样一来，自然就很难感受到幸福了。所以，只有降低人们的欲望值，才能增加幸福感。

　　佛家说，世人如果想要得到幸福，就必须从自己的内心下手，因为幸福来自内心，而不是外界的种种欲望。如果想要让内心得到幸福，就要将人的欲望值降到最低。虽然欲望是人们最原始的本能，但是，从某些方面来说欲望也是幸福的敌人，很多人就是因为欲望过于膨胀，无法从桎梏和恐惧中解脱出来，从而得不到幸福。

　　有一个中年人，尽管他衣食无忧，拥有漂亮的妻子和可爱的孩子，但他一直觉得自己不幸福。他每天都觉得十分苦闷，总是认为自己每天过的生活只是毫无意义和价值的重复，他感觉自己就像是被蒙上了眼罩在磨坊中围着磨石整天转圈的驴子，自以为自己走了很远，其实只是不停地在原地绕圈罢了。终于有一天，他决定背上行囊，去远方寻找幸福。

　　这天，他路过一个高山，听说山上有一座知名的寺庙，而这

座庙之所以被众人熟知,主要是因为庙里有一位无所不知、无所不晓的禅师,这位禅师经常为人们答疑解惑,解决了人们不少烦恼。于是他决定去找这位禅师,问问该怎样才能够得到幸福。他费了九牛二虎之力终于找到了禅师的居所。但是,当他见到禅师本人的时候,他觉得自己是白来了,因为他怎么也没有办法把眼前这个瘦骨嶙峋的干巴小老头和传说中无所不知、无所不晓的禅师联系到一起。眼前只有一座荒凉的大山,一座破旧的茅庐,在这种荒郊野外的地方修行,每天粗茶淡饭,他不知道,这个瘦弱的禅师是否能够感受到幸福,并指引自己找到幸福。

禅师看到有客来访,便席地而坐,并问中年人找他有什么事情。

中年人说:"禅师,你在这么荒凉的地方修行,每天住在这么小的破茅庐里,粗茶淡饭,而且不能到外面闲逛,能否感受到幸福呢?"

禅师露出了安详的笑容,并告诉中年人:"其实,这个世界并没有人们想象的那么大,相对而言,虚空更大一些。然而,和人们的心胸相比,虚空再大,也比不上人的心胸。虽然,我每天在这个破旧的小茅庐修行,每天吃着粗茶淡饭,并且不能到处闲逛,但是,只要人的心胸大,尽虚空、遍法界,抛弃掉尘世中过多的欲望,那么,就能够感受到平凡世界中的点点幸福。"

中年人听后,若有所思。一个月后,中年人带着他的妻子和孩子来看望禅师。与一个月前不同的是,他的脸上挂着满满的笑容,没有了先前的迷茫以及痛苦。见到禅师后,他对禅师说:"谢谢您,禅师,现在我终于明白什么是真正的幸福了。"

美国著名心理学家约翰·布罗德斯·华生表示:"很多时候,

人们之所以感到不幸福，并不是因为我们拥有得少，而是在于我们不停渴求的欲念，想要的东西太多，计较的东西太多。"其实，生活中根本就没有那么多的痛苦和烦恼，人们之所以会感到痛苦，是因为自身的欲念太多了。当人们欲望过多时，痛苦、烦恼和忧愁等负面的情绪就会产生，而且会随着欲望的加深变得沉重。欲望越多，痛苦也就越多，这样一来，人们离幸福就会越来越远。所以，要想让自己过得幸福，人们就要减少自己的欲念，保持心灵的安宁，这样才能领悟到生活中简单的幸福。

佛家有云："人们之所以痛苦，并感到不满足，是因为他们过于追求欲望。"欲望是虚妄，是虚无缥缈的，世人切不可"这山望着那山高"，毕竟山外还有高山呢！与其遥望远处的高山，暗自嗟叹，不如欣赏眼前的美景，俯身赏花，看池中的鱼儿自由自在地游动。那么，你将会发现幸福其实离我们很近。

2

学会满足,摆脱欲望的锁链

欲望是人们最原始的本能。每个人的心中都隐藏着很多欲望,比如,想要获得更多的金钱、权力等。其实,人们想要过上更好的生活本是无可厚非的,适当的欲望可以促使人们为了过上更好的生活而不断努力,但是,当人们的欲望过多时,就很容易被膨胀的欲望所驱使,从而做出很多不理智的事情,将自己推向万丈深渊。

欲望就像远在天边的地平线,看似离我们很近,但是,当你全力向着地平线跑去的时候,却发现自己无论跑多久都无法到达。所谓"欲壑难填",人们的欲望是无法到达的,它就像是小猫的尾巴,尽管小猫一直在追逐着它,却永远也够不着。欲望是无穷无尽的,当人们刚刚满足了自己的一个欲望时,很快就会产生新的欲望,并诱惑着人们去奋力追逐。然而,如果人们落入了欲望的旋涡,便只能苦苦挣扎,难以得到解脱。

有一位苦行僧觉得自己修行的地方十分吵闹,于是,他决定离开自己住的地方,来到无人居住的深山中修行。离开时,他什么东西也没带,只带着一颗修行的心来到山上的一个破茅草屋。

刚开始,他觉得这里十分安静,很适合修行。然而没过几天,在他穿的衣服脏了却没有换洗衣服的时候,他来到山下的一个小村庄，向村民讨一件衣服。村民们知道他是一个十分虔诚的修行者后，就毫不犹豫地送给了他一件衣服。

这位苦行僧得到村民们送的衣服后，没过几天，他发现自己住的茅草屋中有一只老鼠，这只老鼠经常在他修行的时候出来咬他的衣服，这让苦行僧十分苦恼。因为这位苦行僧曾发誓"终身不得杀生"，所以他不能杀害这只老鼠，但是他又没有其他办法让这只老鼠离开。于是他又来到山下的村庄，向村民讨来了一只猫，并让这只猫赶走了老鼠。

得到猫之后，没过几天，这位苦行僧又发现了一个新的问题："每天我要给猫喂什么呢？总不能让猫和我一样每天只吃一些野菜和蘑菇吧！"这位苦行僧想了很久，决定喂这只猫喝牛奶，于是他又再次下山，并向村民讨要了一头奶牛。就这样，苦行僧每天都会挤牛奶给这只猫喝。

这位苦行僧在山上居住了一段时间后，发现自己每天需要花费很长时间来照顾那头奶牛，十分影响自己的修行。于是，他再次来到山下的村庄，找到一个无家可归的乞丐，并让这个乞丐来到山上和自己同住，帮助自己照顾奶牛。这样一来，苦行僧就可以专心修行了。

然而，不久问题又出现了，这个乞丐在山上住了一段时间后，抱怨地对苦行僧说："你是一个修行者，可能不需要家庭。而我和你却不太一样，我需要一个妻子，需要过正常的家庭生活。"这位苦行僧听了乞丐的抱怨，认真地想了想，觉得乞丐说得很有道理，自己确实不能强迫乞丐和自己一样过着禁欲苦行的生活。

故事就这样发展下去了，一年后，整个村庄都搬到了山上，而这位苦行僧又和以前一样在吵闹的环境中修行了。

你为什么勤劳而**不幸福**

所以，人们要学会满足，不要被过多的欲望所驱使，只有这样，人们才能感受到生活中的幸福。欲望如茧，想得越多就会被束缚得越紧，而被束缚的人是不会感到幸福的。

3

放下贪婪的欲望，才能享受幸福的生活

在现实生活中，每个人都渴望得到幸福。尽管人们为了得到幸福而不断努力，但是，不少人却发现幸福就像影子一样始终抓不住。为什么会出现这种状况呢？

对此，美国著名心理学家乔伊·保罗·吉尔福特表示，在人们为了追求幸福而努力的同时，人们心中也产生了不少贪欲，比如想要拥有数不尽的财富，想要得到至高无上的权力等等，这些膨胀的欲望会让人们的内心变得极为不满足，并对自身的现状感到强烈不满，这样的人又怎么能够得到幸福呢？乔伊·保罗·吉尔福特还表示，贪欲是阻止人们走向幸福的拦路虎，人们若想得到幸福，就应学会放下自己过于贪婪的欲望，让内心归于平和，这样才能感受到生活中平凡而简单的幸福。

从前，一个穷人想拥有属于自己的一块地，佛陀听到后，决定满足他的心愿。于是，佛陀对穷人说："你从这里往外面跑，跑一段路就插一面旗帜，只要你能够在日落之前再跑回这里，所有你跑过的土地都归你。"穷人听了佛陀的话，兴奋极了，他立刻拼命地跑了出去，尽管太阳已经偏西了，但这个穷人依然还在往前跑，贪婪的心让他渴望得到更多的土地。最后，太阳下山了，这个穷人

并没有回来。佛陀十分纳闷,于是,顺着这个穷人插的旗帜找了过去,结果发现穷人在往回返的途中因精疲力竭而摔了一跤,之后就再也没有起来。

佛陀看到穷人倒地而亡,随手将穷人就地埋了,并叹息着说了这样一句话:"一个人到底想要多么大的土地呢?其实,他最后只需要这么大而已。"

所以,人们要学会控制自己的欲望,不要被贪婪蛊惑了自己的心,否则,你将连原本拥有的也会失去。

俗话说:"祸莫大于贪欲,福莫大于知足。"在现实生活中也有很多的事例证明:很多祸事大多起源于人们的贪欲之心,而大多数幸福的人都是懂得知足常乐的人。幸福永远都不会去敲响一个拥有贪欲之心的人的门,当人们的欲求得不到满足时,不妨退后一步,控制自己的欲望,放下贪婪之心,这样才能静下心来欣赏美丽的风景,感恩自己所拥有的东西,从而感受到幸福。

从前,有一对贫穷的夫妻,他们有一小块贫瘠的田地,他们靠着这块田地来勉强维持生计。不过,令他们感到欣慰的是,他们还有一只母鸡,这只母鸡每天都会下一个鸡蛋。

有一天,妻子去取鸡蛋的时候,惊奇地发现这只鸡竟然下了一个金蛋,她高兴极了,连忙将这一消息告诉了丈夫。当丈夫得知这一消息后,也十分兴奋,立即将这个金蛋拿到市场上去卖,得到了一大笔钱。

当丈夫将卖金蛋得来的这一大笔钱拿回家后,他的妻子也十分开心,觉得可以如此轻松地得到钱,那么以后就不用辛辛苦苦地耕种了。从那以后母鸡每天都会下一个金蛋,这对夫妻凭借卖金蛋发了财,他们不仅买了一大片肥沃的田地,而且请了很多人来种田,盖起了大房子,还请了不少仆人。夫妻二人过得十分悠闲。

突然有一天,丈夫产生一个想法:"既然这只母鸡每天都可以下一个金蛋,那么,它的肚子里一定藏着不少金蛋,如果我们将这只母鸡的肚子剖开,那么可能会得到一个小金库。"

妻子一听,觉得非常有道理,于是立即拿来了一把刀,并将这只可以下金蛋的母鸡杀了。然而,当妻子剖开母鸡的肚子后,却惊讶地发现这只母鸡和普通的鸡并没有什么区别,它的肚子里根本没有什么金蛋。

夫妻二人十分后悔,他们想要得到更多的金钱,结果却亲手毁掉了自己的致富宝贝。可以说,正是他们的贪婪毁掉了这一切。如果他们能够控制自己的欲望,放下贪婪,那么,他们仍然可以每天获得一个金蛋,并以此过着幸福的日子。但是,他们却贪得无厌,渴望得到更多,结果连原来拥有的也失去了。

其实,现实中也有很多这样贪得无厌的人。比如,很多人希望一夜暴富,他们投身于股市,赌上自己的家当,当股市节节高升时,他们想着"再多赚一些",结果股市瞬时大跌时他们却无法脱身,最后落得全盘皆输的下场,成为一个一无所有的穷光蛋。所以,人们应该学会放下贪婪之心,控制自己的欲望,珍惜自己现在拥有的一切,切勿像故事中的夫妻一样贪得无厌,最后落得一场空。只有放下贪婪之心,人们才有可能拥抱幸福。

过分的欲望是阻止人们走向幸福的拦路虎

每个人都在追逐幸福,然而,在现实生活中不少人会发现,越是执着于追求幸福,越是离幸福越远。美国著名心理学家约翰·布罗德斯·华生表示,很多人在追求金钱、权力的道路上踽踽而行,他们认为只有拥有了更多的金钱、权力,自己才能过得更幸福。然而,当他们拥有了别人难以企及的财富和权力后,却发现自己反而离幸福越来越远。其实,这些人之所以感觉离幸福越来越远,是因为他们的欲望在不断膨胀,目前所取得的成就远远不能满足内心的欲望。可以说,过分的欲望是阻止人们走向幸福的拦路虎。

心理学家表示,人们的欲望是没有底线的,当一个人为了所谓的幸福而不断地满足自己日益膨胀的欲望时,那么他就已经离幸福的目的地越来越远了。人们只有学会控制自己的欲望,搬开人生路上的这只拦路虎,让内心归于安宁,才能找回属于自己的幸福。

有这样一个王子,他不仅英俊潇洒、富有多金、才华横溢,还娶了一个美丽的妻子,一年前,这个妻子给他生了一个大胖儿子。这个王子什么都有了,按理说他应该很幸福。然而,这个王子却觉得自己一点儿也不幸福。终于有一天,他决定背上行囊,去远方寻找幸福。

在寻找幸福的道路上，王子遇到了一位佛陀，于是虚心地向佛陀请教。

佛陀向王子问道："你怎么了，遇到什么烦恼了吗？"

王子回答说："我很苦恼，虽然在别人看来我什么都有了，但是我依然觉得不幸福。请问，你可以给我幸福吗？"

佛陀想了一下，然后说道："我明白了。"

之后，佛陀便施展法术，将王子原来拥有的所有东西都收走了，其中包括他妻子和孩子的生命，他的才华与家产，甚至还毁了他英俊的外貌，让他变成了一个相貌丑陋的人。做完这一切后，佛陀就离开了。

半年后，这位佛陀再一次来到这个王子的面前，此时的王子早已变得狼狈不堪，只见他像一个乞丐一样孤零零地坐在地上，饿得面黄肌瘦，尽管他躺在地上不断地呻吟，但是，不少人看到他丑陋的面容便情不自禁地躲着走了过去。

看到这种情景，这位佛陀双手一合，施展佛法，口中还念了一句"阿弥陀佛"，眨眼间，眼前这个面黄肌瘦、相貌丑陋的人又变成了以前那个风度翩翩、才华横溢、富有多金的王子，不仅如此，他美丽的妻子和聪明可爱的孩子也回到了他的身边。

一个月后，这位佛陀再次来到王子身边，他向王子问道："你找着幸福了吗？"只见这个王子搂着身边美丽的妻子和可爱的儿子，开心地笑了，并说道："谢谢佛陀，我想我已经懂得了什么是幸福。"

很多时候，幸福就在我们身边，但是人们却没有重视自己所拥有的东西，反而在欲望的驱使下一直朝着那些得不到的东西努力，

结果让自己与幸福擦肩而过。幸福不是因为得到的东西多,而是因为满足于自己已有的东西。如果人们不知满足,不断地因为那些得不到的东西而苦恼,那么又如何能够感受到幸福呢?

　　清代教育家申居郧在《西岩赘语》一书中说过:"纵欲之乐,忧患随焉。"诚然,欲望得到满足可以使人在短时间内感受到幸福,但是,不要忘了乐极生悲的道理,过分的欲望只会让人们遭受灾难的侵袭。在现实生活中,很多人就是因为沉迷于自己日益膨胀的欲望中不可自拔,才渐渐地离幸福越来越远。

5
如何"修剪"自己的欲望

欲望是从人们本性中产生的想要达成某种目的的需求。著名心理学家拿破仑·杨庭曾说过:"人是欲望的产物,而生命则是欲望的延续。"的确如此,欲望是永不止息的,它会伴随着人的一生,并延续到后代的子孙身上。可以说,欲望是人类社会发展的不竭动力,无论是宗教、文化、教育、艺术,还是商业、政治等,都是欲望驱使人们所产生的结果。然而,人们如果放纵欲望继续发展下去,就会产生难以估计的后果,譬如,很多战争的爆发就是源于人对于欲望的放纵,为了获得更多的石油,想要拥有更大的领域,等等,结果导致数以万计的人在战争中伤亡,无家可归。

佛家认为,过度的欲望会给众生带来灾难和罪恶,会让人烦恼不安,甚至生死苦果,可以说,过度的欲望是人们痛苦的本源。《杂阿含经》中说:"染著贪欲,映障心故,或自害,或复害他,或复俱害。"《法华经·方便品》中也说:"诸苦所困,贪欲为本。"所以,人们要学会消减自己内心的欲望,不要让欲望操控自己,成为欲望的奴隶。

在曼谷西郊,有一座十分偏僻的寺庙,庙中的香火一直不旺盛,老住持去世后,索提法师接替了住持的位置,开始管理寺院。

你为什么勤劳而**不幸福**

　　索提法师刚来到这座寺庙，对周围的一切都不太熟悉。因此，在他当上住持后，便开始在寺院附近巡视，结果发现环绕着寺院周围的山坡上长了很多杂乱无章的灌木。看到这种情况后，索提法师找到了一把剪刀，并用剪刀对其中一个杂乱的灌木进行修剪。一年过去了，那个原本杂乱无章的灌木被索提法师修剪成了圆球的形状。寺院的其他和尚对此十分不解，于是问索提法师缘由，索提法师仅仅微笑了一下，并没有做任何回答。

　　一天，一个气宇轩昂、衣着光鲜的年轻人来到了这个寺院。这个年轻人见到索提法师后，先是寒暄了一番，然后向索提法师请教了一个问题："我要怎样做才能清除自己内心的欲望呢？"

　　索提法师听后，微微一笑，然后带着这个年轻人在寺院周围转了转，最后到了那个已经修剪成圆球形状的灌木前，并对年轻人说："只要你能够像我一样用心去修剪灌木，那么，你的内心就会得到安宁，与此同时，你的欲望也会在无形中消散。"

　　这个年轻人听后，立刻找来一把剪刀，并走向另一个灌木开始修剪起来。过了大概半个小时，索提法师问年轻人有什么感觉，年轻人笑着说："我觉得自己内心好像轻松了一些，但是那些压在内心里的欲望并没有消失。"

　　临走前，这个年轻人和索提法师立下一个约定，他半个月后还会再来的。事实上，这个年轻人是当地一位赫赫有名的珠宝大亨，他不到而立之年就创下了一份令众人艳羡的事业。不过，最近这位年轻的珠宝大亨在生意方面遇到了一些难题，这让他心生烦恼。而对于这个年轻人的身份，索提法师根本就不知晓。

　　半个月过去了，这位年轻的珠宝大亨按照和索提法师约定的来到这个寺院，还是像半个月之前那样，用剪刀修剪灌木。修剪了半个多小时后,他迈着轻快的步伐走了。

又过去了半个月,这位年轻的珠宝大亨又来了。三个月过去了,这位年轻的珠宝大亨和索提法师一样将原本杂乱的灌木修剪出了形状。不过,与索提法师有所不同的是,这位年轻的珠宝大亨将灌木修剪成一个初具规模的鸟的形状。

这时,索提法师问他:"你现在是否懂得如何消除自己的欲望了?"

这位年轻的珠宝大亨惭愧地低下了头,说道:"大师,我实在是太愚钝了,虽然我在修剪灌木的时候,能够做到心无杂念,但是,每次离开寺庙回到我自己的人际圈子后,我心底的所有欲望又会像以前一样冒出来。"

索提法师听了他的话后,并没有解释什么,依旧笑了笑。

半年过去了,当这位年轻的珠宝大亨修剪的灌木完全成型后,索提法师再次问他:"你现在是否懂得如何消除自己的欲望了?"这位年轻的珠宝大亨的回答依旧和原先一样。

这时,索提法师微笑着对他说:"你知道我当初为何叫你修剪那些杂乱无章的灌木吗?"

珠宝大亨摇了摇头,说道:"大师,恕弟子愚昧,我并不能理解大师的初衷。"

索提法师解释道:"我之所以让你修剪灌木,是因为我想让你发现,灌木是会不断生长的,当你每次修剪灌木以后,在短时间内就会长出新的灌木。其实,这和人们的欲望是一个道理,欲望是不能完全被消除的,因为欲望是在不断生长的,我们唯一能够做的就是尽自己的全力将它变得美观。如果我们放任欲望肆意生长,那么它就会像寺院周边那些杂乱无章的灌木一样,十分丑陋;然而,如

果我们经常对自己的欲望进行'修剪',就会发现其实它也能够成为一道美丽的风景。而对于名利,只要你能够做到取之有道,利己惠人,那么这种欲望非但不会成为你心灵的枷锁,反而会成为你人生中的一大助力。"

这位年轻的珠宝大亨听后恍然大悟。自此之后,索提法师所在的寺庙开始被越来越多的人所知晓,寺庙的香火也变得旺盛起来。随着越来越多人的到来,寺院附近的那些杂乱无章的灌木也被人们修剪成了各种各样的形状,这所寺庙也因此日渐闻名。

其实,索提法师所说的话包含了深刻的哲理。世间万物都有其自身的规律,欲望也是如此,如果人们的欲望适度则会让人们进步,而欲望过度则会对人们产生伤害。有着大智慧的人会对欲望保持顺其自然的态度,让欲望的潮水有涨有落,不让潮水越位,这正和索提法师提示珠宝大亨的道理一样,对待名利,保持一颗超然的心,取之有道,利己惠人,这样一来,欲望就会成为你人生中的美丽风景。而愚昧的人对于欲望总是保持很大的野心,他们让欲望的潮水只涨不落,最终导致的结果就是潮涨堤决,将自己淹没。所以,人生在世,要学会让自己的欲望保持在一个适度的水平线上,当欲望过度时,要学会"修剪"自己的欲望,不让欲望将自己淹没吞噬。

6

适当控制欲望更有幸福感

众所周知,欲望是人类最原始的本能,是促使社会进步的动力,然而,过度的欲望就会产生破坏的能量。美国著名心理学家伯尔赫斯·弗雷德里克·斯金纳认为,欲望是人们最原始的本能,但人们应学会控制自己的欲望,不要被欲望之心所蛊惑,否则,人们会做出许多后悔莫及的事情,导致自己离幸福越来越远。因为,人们的欲望就像无底之壑一样,永远也没有填满的时候,如果人们一味地放纵自己的欲望,那么早晚有一天会为了这日益膨胀的欲望而变得不择手段,从而做出一些失去理智的事情,而这些足以毁掉一个人,让他与幸福擦肩而过。

在很久以前,一个偏僻的小村庄住着一个勤快的小男孩,他的父母很早就去世了,他从小是被乡亲们抚养长大的。这个小男孩名叫象,他很懂事,每次去山上的时候,他都会背一捆柴下山送给乡亲们。一天,这个小男孩又像往常一样带着斧头上山了,由于天刚刚下过雨,路比较滑,小男孩走得十分小心。

突然,小男孩听到路边的小水沟里传来一点窸窸窣窣的声音,他走过去一看,原来由于昨天的雨太大,小水沟里已经存了不少的水,有一条小蛇正在小水沟里拼命地挣扎。

　　小男孩看到这条小蛇虽然拼命挣扎，但是依然没有逃出小水沟，他觉得应该帮这个小蛇一把。于是，他找了一根小木棒，将这个小蛇捞了出来，轻轻地放在路边。这时，他发现这条小蛇身上有一个伤口，原来小蛇在水里挣扎的时候受了伤。然后，小男孩又从山上采了一些草药，并给小蛇敷了上去，不仅如此，他还从衣服上撕下一块干净的布，给小蛇包扎伤口。就这样，在小男孩的治疗下，这条小蛇很快就康复了。临走时，这条小蛇还用身子蹭了蹭小男孩的手，以表示对小男孩的感激之情。

　　一转眼，十年过去了，这个名叫象的小男孩变成了一个高大的小伙子。一次，象像往常一样来到山上，他打算劈一些柴下山，但是，还没等他劈柴，他就听见树林中传来一阵阵沙沙的声音，他抬头看向发出声音的地方，发现竟然有一条像树一样粗的蟒蛇正在向他这里爬来。象害怕极了，他拔腿就跑，可是他还没跑多远就被这条巨蟒追上了。

　　就在他做好被巨蟒吃掉的打算时，这条巨蟒突然说话了："象，你不记得我了吗？我是你十年前救的那条小蛇呀。"象这才从恐惧中走了出来，之后，象便跟这条巨蟒聊起天来。巨蟒问象："你这些年过得怎么样呀？靠什么为生呀？"象叹了一口气说："哎，这些年我一直靠打柴为生，只能够维持温饱，像我这么大的人都娶了老婆，但是我还连个媳妇都没有，没办法，谁让咱穷呢，连自己都养活不起，更不用提娶妻生子了。"巨蟒看到象消沉的样子，连忙安慰他说："没关系，我可以帮你。"象看到巨蟒关心的样子，说道："我知道你是一片好心，可是，你只是一条蛇，顶多算是个头大一点儿的蛇，你又怎么能够帮我呢？"巨蟒说道："我的洞里有些冰片，这些冰片可以卖不少钱，你可以拿着斧头到我的洞里来刨一些冰片,然后把这些冰片卖掉,这样你就能赚到不少钱了,也能够娶媳妇了。"

之后,象每天都会到巨蟒的洞中去刨冰片,然后卖掉,没过多久,象就将自己住的房子翻新了一遍,又盖了一个大房子。乡亲们看到象赚钱了,都夸象有出息,隔壁的李大娘还给象介绍了一个漂亮的姑娘,然后,象就和这个漂亮的姑娘结婚了。如果象以后就这样和这个姑娘靠卖冰片为生,努力地生活,相信他会一直幸福下去。

然而不久,象迷上了赌博,他把卖冰片的钱都花在了赌博上面,还欠了一屁股债。但是,巨蟒洞中的冰片却越来越少了,快要被象刨光了,当药店老板向他催债时,他对老板说:"你再宽限一些时日,我这几天没有刨到冰片。"

药店老板和象交谈起来,当他得知象所刨的冰片的来历后,他对象说道:"你怎么那么傻呀,你当年救的那条蛇现在全身都是宝,它的一只眼睛就价值连城,足够你这辈子吃喝不愁了。"象听后,一开始并不愿意,觉得这条巨蟒对自己这么好,自己要是挖了它的眼睛,那是多么残忍呀。然而,随着象越来越沉迷于赌博,他欠药店老板的钱是越来越多了。一天,当象再次向老板借钱时,老板不仅没有借给他,还催他把以前的债还了。当听到象说没有钱时,药店老板说:"既然如此,那你就给我那条巨蟒的一只眼睛,这样,你不仅不用还以前所欠下的债,我还可以再给你一千两银子。"

象听了药店老板的话,有些心动。于是,他带着斧头再次上山了。当他找到巨蟒时,一见面就给巨蟒跪下了,并对巨蟒哭着说:"你快救我吧,我现在欠了药店老板一屁股债,如果今天还不上,他就要把我的房子收走了,这样一来,我老婆也不会跟我了。"巨蟒一听,连忙问道:"我不是让你到我的洞里刨冰片了吗,这些冰

片足够你幸福地生活一辈子,你怎么还欠债了呢?"象哭着说道:"都怪我不好,迷上了赌博,不仅将那些卖冰片的钱全都输了,还欠了药店老板一屁股债。现在药店老板催我还钱呢。你快帮帮我吧!"

巨蟒听后,疑惑地问道:"如今,你已经把我洞中的冰片都刨走了,我也没有冰片了,又如何帮你呢?"象连忙说道:"我听药店老板说,你的眼睛十分值钱,如果能够给我一只你的眼睛,那么我不仅可以将自己所欠的债还了,还可以得一千两银子。"巨蟒说道:"不行,如果我将自己的眼睛给你,那么我就捕不到食物了,不仅如此,我甚至有可能被其他动物吃掉。"尽管象再三请求,但巨蟒拒绝的口气很坚决。见此情况,象立刻转变了态度,他气愤地说道:"当初要不是我救了你,你早就被淹死了。现在,我连要一只眼睛你都不给,早知道这样,我当初就不该把你从水沟里救出来,还给你上药。"此时的象早已被心中的欲望蛊惑住了,他一心想得到巨蟒的眼睛,一点儿也不为巨蟒考虑。

巨蟒听后十分伤心,它难过地说道:"我知道当初若不是你救了我,就没有今天的我。好吧,我答应给你一只我的眼睛,但是,从今往后,你不要再来找我了,你我之间的情谊到此一刀两断,今后,我们互不相欠,井水不犯河水。"象听了巨蟒的话,心中十分欢喜,连忙说道:"可以。只要你能够给我一只眼睛,你说怎样就怎样。"就这样,在巨蟒的痛苦呻吟中,象拿走了它的一只眼睛。

如果说象拿到巨蟒的一只眼睛后就此收手,不再继续赌博了,而是和妻子用心生活,那么他以后也会衣食无忧。然而,此时的象早已被欲望蛊惑了内心,他将巨蟒的眼睛拿到药店,药店老板也如先前所说的那样,不仅将象欠的债一笔勾销了,还给了象一千两银子。象拿着银子进了赌场,又开始赌博了。

没过多久，象又把钱输光了，还欠下了一屁股债，而且这次所欠的债比以往欠的要多不少。而药店老板自从得到那条巨蟒的一只眼睛后，一直想得到它的另一只眼睛，于是，他找了一个恰当的时机告诉象："你现在又欠了我那么多的钱，现在唯一的办法是，你去找那条巨蟒，把它的另一只眼睛也弄来。如果你能够弄来巨蟒的另一只眼睛，我不仅不让你还钱了，还可以再给你两千两银子。"

就这样，在药店老板的引诱下，象被心底的欲望彻底冲昏了头脑，忘记了上一次和巨蟒分别时所说的话，于是带着猎枪上山了。当象来到巨蟒的洞口时，他原本打算偷偷地用猎枪对准巨蟒，然后杀了它，再取它的眼睛，然而，象却忘了一件事：这条巨蟒已经有了一定的灵性，在象还没有扣动扳机的时候，巨蟒就已经发现了他，于是用尾巴将象的猎枪扫掉，并难过地说："象，原本我以为只要你得到了我的一只眼睛，将自己的赌债还清，你就能安心和自己的老婆过日子，没想到，你的欲望竟然一直膨胀，现在还想杀了我，要我的另一只眼睛。你这样被欲望蛊惑，是得不到幸福的。"

此时的象已经被欲望迷了心窍，他根本听不进巨蟒的话，仍然固执地说："我一定要得到你的眼睛。"巨蟒听后，十分愤怒地说道："既然你如此执迷不悟，那就不要怪我了。"说完，这条巨蟒张开了血腥大口，将象一口吃进了肚子里。

所以，人们要学会知足，学会适当控制自己的欲望，不要被欲望所蛊惑，做出失去理智的行为，否则必将自食其果，落得像故事中的象一样死于蟒蛇之腹的下场。只有学会控制自己的欲望，才能让心灵感觉到幸福。